悦享葡萄酒

[日] 宫岛勋——主编
陈宝剑　王　蕊——译
科学校订——潘秋红

科学普及出版社
·北京·

图书在版编目（CIP）数据

悦享葡萄酒/（日）宫岛勋主编；陈宝剑，王蕊译.
—— 北京：科学普及出版社，2023.1
ISBN 978-7-110-10506-1

Ⅰ.①悦⋯ Ⅱ.①宫⋯ ②陈⋯ ③王⋯ Ⅲ.①葡萄酒
—基本知识 Ⅳ.① TS262.6

中国版本图书馆 CIP 数据核字（2022）第 202945 号

Wine No Uso
Copyright Isao Miyajima
First published in Japan in 2021 by DAIWA SHOBO Co., Ltd.
Simplified Chinese translation rights arranged with DAIWA SHOBO Co., Ltd.
through Shanghai To−Asia Culture Communication Co., Ltd
Simplified Chinese edition copyright 2021 by China Science and Technology Press
Co., Ltd.
Illustrations: Kotaro Takayanagi

著作权合同登记号：01-2022-6130

策划编辑	王晓平
责任编辑	符晓静　王晓平
封面设计	红杉林文化
正文设计	中文天地
责任校对	吕传新
责任印制	徐　飞

出　　版	科学普及出版社
发　　行	中国科学技术出版社有限公司发行部
地　　址	北京市海淀区中关村南大街 16 号
邮　　编	100081
发行电话	010-62173865
传　　真	010-62173081
网　　址	http://www.cspbooks.com.cn

开　　本	880mm×1230mm　1/32
字　　数	162 千字
印　　张	6.625
版　　次	2023 年 1 月第 1 版
印　　次	2023 年 1 月第 1 次印刷
印　　刷	北京荣泰印刷有限公司
书　　号	ISBN 978-7-110-10506-1 / TS・150
定　　价	48.00 元

 前　言

不要被葡萄酒的礼仪所迷惑，好好感受它的芬芳吧

　　我时常会听到有人说："我喜欢葡萄酒，但不会品酒。"还有人说："我对葡萄酒一无所知，感到羞愧。"真不可思议！葡萄酒是酒精饮料之一，会让人上瘾。就像人们不会因为"我不太了解粗茶"或者"关于啤酒我知之甚少"一样，喝葡萄酒也不用懂太多。然而不知为何，关于葡萄酒，"有必要了解""想要享用，就必须了解相关知识"之类的奇妙误解却大行其道。有些人将从西欧传入的葡萄酒文化当作高尚的事物崇拜，认为了解葡萄酒会显得自己知识很渊博。可能就是因为这些错误观点的横行无忌，才令普通消费者对葡萄酒望而却步，无法幸福地享用葡萄酒，这可真令人遗憾！

　　葡萄酒本来是生根于日常的饮品，应该出现在每日的餐桌上，衬托出餐桌上菜肴的美味，为家人团聚的时光助兴。它是一种让人放松、具有缓解疲劳、美容养颜、预防心脑血管疾病功效的平民饮品，与啤酒、烧酒、日本酒一样，并没有什么特别。将其当作昂贵的商品大肆宣传，强行用空洞的知识加以装饰，把它当作稀有的

"舶来品"来"提高身价"，完全是一种肤浅的做法。在鹿鸣馆时代①，这种做法还勉强说得过去，但是放在现代则显得滑稽至极。

葡萄酒不是日本的传统饮品，而是舶来品。在介绍葡萄酒的过程中，或许会不可避免地产生一些龃龉。不仅是葡萄酒，外国的音乐、美术、菜肴等传入日本时，也多少会出现一些这样的事情。我认为，正是这样的龃龉、误解（即葡萄酒的谎言）阻碍了人们自由地享用葡萄酒。

我在日本和意大利写了将近40年关于葡萄酒和饮食的文章。由于工作关系，在各种场所和许多人一起喝过葡萄酒。抛开工作，我可以随心所欲地享用喜欢的葡萄酒，温度、酒杯、搭配的菜肴全凭当天的心情，除了"随心所欲"，没有任何规则。

有些人总想把烦琐的规则强加于人。"这种葡萄酒搭配这样的酒杯最合适了""这种葡萄酒请在17℃的时候享用""请在2小时之前拔掉瓶塞""喝之前请先好好感受一下它的香气"之类的，真是多管闲事。喝葡萄酒是为了放松，为了享受，所以不要被看似高雅的葡萄酒礼仪束缚住，凭自己的喜好尽情享用它吧。

不是越昂贵的葡萄酒越好喝。每个人的喜好不同，适合自己的才是最好的。虽说热腾腾的菜肴十分美味，但对于一个怕烫的人来说，吃下热腾腾的菜肴是一种折磨。不论多么昂贵的佳肴，若对于享用它的人来说不合口味，便一文不值。即便是高达10万日元②（约

---

① 译者注：鹿鸣馆时代指日本明治中期以鹿鸣馆为象征的一段欧化主义时期，一般指1879—1887年。

② 译者注：日元是日本的货币名称，创设于1871年5月1日，其纸币称为日本银行券，是日本的法定货币。日元对人民币的汇率每天都有细微的变化，1日元大概相当于0.05元人民币，为了与原文保持一致，后文不再将日元换算成人民币。

5000 元）一瓶的葡萄酒，也不能保证每个喝到它的人都觉得好喝。并不是所有人都会觉得"10 万日元一瓶的葡萄酒果然是格外好喝，真是有品位！"有人觉得还是 2000 日元一瓶的葡萄酒更好喝。这也完全不是什么不可思议的事情，就像比起米其林 3 星的餐厅，有人更喜欢偏僻的居酒屋或者街边的意式餐馆。

同啤酒、日本酒、烧酒、威士忌一样，葡萄酒也有区别于其他酒精饮料的特征。若是我们能了解这些知识，或许能更好地享用它。但是收集关于葡萄酒细枝末节的小知识，在炫耀中寻找喜悦的做法类似于《小知识之泉》[①]，简直就是"只见树木，不见森林"，忽略了事物的本质。关于葡萄酒，我个人认为，只需要大致了解最重要的部分，之后按照个人喜好自由享受就好。本书就向大家介绍了最重要的那一部分。

不知不觉间，渊博的知识、规定等级、礼仪教养等太多的东西都在阻碍我们愉快地享受人生。无视那些针对葡萄酒的饮用方法，高高在上地进行"寒酸说教"的人，自由地享用葡萄酒吧。毕竟，葡萄酒是为了让人生更加有趣，让人感到更加幸福而存在的。

希望本书可以帮助那些有这种想法的人。

宫嶋勋

---

① 译者注：《小知识之泉》是日本富士电视台的一个综艺节目。该节目的主要内容是介绍世界的各种杂学。

目 录

第 **1** 章

喝葡萄酒，

不需要太多教养

喝葡萄酒既是教养，又无须教养

　　总有人摆出一副得意洋洋的表情进行一些类似"想要成为一流的商务人士，不了解葡萄酒可不行""想成为国际人士，了解葡萄酒的知识是必要的"之类的说教，这简直毫无道理。想要成为一流的商务人士，比起学习葡萄酒知识，去做一些经营分析显然更好。想要成为国际人士，最好能有自己的一技之长。

　　说到底，不论是葡萄酒，还是艺术，都不是人生中必不可少的东西，没有也无所谓。从功利的角度看，似乎毫无用处。所以，它并不是"必须了解"的东西，也不是什么"必备的知识"。但它却能丰富喜欢它的人的人生。与有魅力的葡萄酒邂逅，便会"一不小心就爱上它"。

　　一个人即使不喜欢葡萄酒，也能够愉快地度过一生。若是没有遇到葡萄酒，说不定还能攒下更多的钱。不过，与葡萄酒相遇能让他的人生更加丰富，也更加能够满足他对美好生活的向往，仅此而已。

因为喜欢音乐去纽约听霍洛维茨的音乐会，因为迷恋绘画去圣塞波尔克罗朝拜皮耶罗·德拉·弗朗切斯卡，因为爱上了葡萄酒就乘坐飞机又换乘汽车去法国沃斯恩·罗马内埃参观葡萄园。这些都是因为被自己喜欢的事物的魅力所吸引，被抑制不住的感情驱使着"不自觉地去做了"。这绝不是什么值得炫耀的事情，但是会增加他们的幸福感。例如，巴伐利亚国王路德维希二世迷上了瓦格纳的音乐，为此挥霍无度，财产、地位尽失，但从某种意义上说，他或许是幸福的。

不管是葡萄酒还是艺术，迷恋者都是出于一种欲罢不能的感觉而"沉迷"其中。如果把并不是自己真正喜欢的东西当作教养进行学习并掌握，应该没有比这更愚蠢的事情了吧。说到底，这样只是强行给自己灌输一些葡萄酒的皮毛知识，不但无法真正感受到葡萄酒的魅力，反而会让自己出丑。

♟ 试喝时，一眼就能看出品酒师的实力

这种教养主义的方法或许永远无法享受"葡萄酒的乐趣"。被音乐迷住的路德维希很幸福，但将音乐和葡萄酒看作是"为了面子所要学习的教养"的人，不但不会觉得幸福，反而会相当痛苦。

和寿司店的老板聊天时，他聊起了他的客人。他说："即使是初次见面的客人，只要看到他掀起门帘向吧台走来的姿势，我就能立刻明白这位客人能吃惯什么样的寿司。"只需要一个小小

的动作就能看出来。

我在从事编写《葡萄酒指南》的工作时，和许多人一起品尝过很多葡萄酒，也见过很多品酒师。我也能够从他们试喝时的姿态看出他们的试喝能力（至少我是这么认为的）。试喝时的一个小小的动作便可以体现出他们品酒经验的丰富度和深度。试喝经验不足的人，只会胡乱地摇晃酒杯，因为他们无法一眼看出葡萄酒的品质；熟练的酿酒师和品酒师能够一瞬间看透葡萄酒的品质，所以只轻轻地摇晃酒杯，轻嗅一两下葡萄酒的香气便会放下酒杯。细微的表情、酒杯的摇晃方式、视线等都能说明品酒师的熟练度以及试喝能力。因此，如果是虚荣地装腔作势，也只会让自己蒙羞罢了。而且对葡萄酒一无所知并不是什么丢脸的事情，即便不甚了解，也可以很喜欢葡萄酒。不妨重复购买自己喜爱的那一款葡萄酒，或者去尝试别人推荐的葡萄酒。向别人炫耀自己的知识，才是最令人厌恶的。

为了奇怪的教养主义去接触艺术或者葡萄酒的人，在我看来才是真正的没有教养之人。

在我们身边的葡萄酒庄

　　20世纪80年代，在我刚开始喝葡萄酒的时候，想去参观葡萄酒庄并非易事。那个时代，葡萄酒庄甚至没有接受访客参观、介绍自己的工作或者推荐葡萄酒观光等。那时的葡萄酒庄并不是一个普通人可以涉足的地方，所以在看到记者去参观葡萄酒庄写下的报道时，我会十分羡慕。那个时代的记者，只有去普通人去不了的葡萄酒庄采访并写下报道，才会引起读者们的阅读兴趣。同样，如果有江户时代的日本人到非洲，报道了当时未曾有人见过的狮子和大象，仅凭这一点就能让他觉得十分自豪。

　　随着时代的发展，海外旅行越来越大众化，机票也越来越便宜，谁都可以轻易地去海外旅行。葡萄酒庄也意识到了葡萄酒观光的重要性，做好了接待访客的准备。现在，任何人都能随意去葡萄酒庄观光，所以单纯的采访报道便失去了价值。以前，不亲自到葡萄酒庄就得不到新闻素材；现在是网络时代，只需要轻轻点击鼠标就可以轻松获得酒庄的信息。现在，记者的工作如果只是单纯的访问报道和传递信息，就完全失去了价值。因此，现在记者需要向大家展示自己的想法和解释，不仅要向大家传达"这是怎样的一个葡萄酒庄"，还要说明"在我的认知里这个葡萄酒庄怎么样"。若非如此，报道便没有价值。

与此同时，世界上的葡萄酒产区也增加了，现在已经不是只要掌握波尔多和勃艮第就可以的时代了。实际上，想要访问所有散布在世界各地的主要葡萄酒产区已经是不可能的事情了。因此，葡萄酒新闻业也不得不走向专业化。就像大学的文学系没有世界文学这一专业，而是分为法国文学专业、英美文学专业、中国文学专业一样，葡萄酒也分为法国葡萄酒专家、意大利葡萄酒专家、美国葡萄酒专家等。若是不在某一个方面下点工夫，就追不上瞬息万变的葡萄酒产区了。即使最全的《百科全书》也无法收纳所有的葡萄酒产区，因为变化太快了。

有些葡萄酒爱好者会特别喜欢某一个产区，每年一到假期，就会去该产区参观访问。只要访问他的博客等社交平台，就能知道他对其了解相当深刻。只频繁地访问自己喜欢的产地，而完全忽略其他产地，这便是爱好者的特权。现在的记者如果没有相当扎实的知识和见识，甚至可能会被爱好者嘲笑。

讴歌『错误的自由』

有关葡萄酒的知识和礼仪所带来的最大危害便是不能毫无顾虑地享用葡萄酒。吃饭也好，喝葡萄酒也好，若是被一些烦琐的礼仪所束缚，便不能尽情享受。

我总是想起有名的落语 ① 里关于荞麦面酱汁的小故事，有个对荞麦面的吃法很挑剔的江户人说："如果荞麦面上沾满了酱汁，就吃不出荞麦面的香味了，应该只蘸上一点点酱汁就吃掉，这样才是最合理的。"临死前朋友问他："还有什么未了的心愿吗？"他说："哪怕一次也好，真想尝尝蘸满酱汁的荞麦面啊！"爱慕虚荣的江户人拼命忍耐，过于追求合理性，最终落得连"想吃蘸满酱汁的荞麦面"这样一个小小的愿望都没能实现的下场。若不是

---

① 译者注：落语是日本的传统曲艺形式之一，类似于中国的相声或者说书人，风格搞笑幽默。

被这种认知所束缚，他或许就能在荞麦面上蘸满酱汁，然后满足地吃下去吧，或许会觉得这种吃法自己受不了，最终还是回到了只给荞麦面的一端蘸上酱汁的"合理"做法。然而，奇怪的虚荣心剥夺了他"试错一次"的自由。

我把这个故事作为反面教材是想表达：不管对葡萄酒和美食有很高造诣的人怎么说，你也要有自己的想法。自己想怎么喝、怎么吃，都可以去尝试。虽然有可能经历失败，自己犯了错误吃到苦头，那也是我的权利。尝试过后，有时我会承认果然还是现存知识和规则比较正确，但也有时会坚持认为还是自己的做法比较好。重要的是要经过自己的实践确认。如果你想将葡萄酒冰镇后再喝，那就去试试吧。如果你觉得冰镇过后的口感过于刺激，那下次不要再冰镇就好了。只要自己曾经失败过一次，就能避免再犯同样的错误。

江户人若是尝过一次蘸满酱汁的荞麦面，或许就不会带着遗憾离世了。喝葡萄酒的方法即使错一两次，也不会造成什么伤害。与其盲目相信别人说的话，不如自己尝试一下"错误"的做法，或许更有意义。

首先从喝酒开始

　　直到 20 世纪 70 年代，能喝到五大酒庄或者罗曼尼康帝葡萄酒的，只有特别有钱的富豪或者是为他们服务的侍酒师。当时不像现在有试喝机会，所以高档的葡萄酒只有很少一部分人才有幸一睹其真容。

　　好在现在各种各样的葡萄酒都能进口到日本，只要花钱，就能喝到中意品种的葡萄酒，网络购物的发展也使葡萄酒的搜集变得更加容易。总而言之，如果你有感兴趣的葡萄酒，不妨去尝试一下。即便是昂贵的葡萄酒，募集一些有志之士一起购买品尝的话，也能以八分之一左右的价格喝到。如果只是抱着尝试一次的想法去喝，一杯就足够了。如果非常喜欢，存些钱买上一瓶，在餐桌上细细品味也是极好的。无论如何，不去试着喝一杯就无法真正迈入这个世界，所以希望大家不要犹豫，快快去尝试一下吧。

　　日本进口的葡萄酒种类繁多，完全不喝酒或者酒量不好的日本人也不在少数。葡萄酒的需求量本身也并不是很大，但是进口葡萄酒的种类却多得惊人。为了能够迅速购买到口碑好的葡萄酒，进口商们不断地搜集信息。在他们的努力下，日本消费者甚至可以很轻易地买到原产区的消费者都买不到的葡萄酒。在所有的流通环节中，对葡萄酒的质量都有严格的把控，因此我们可以放心饮用。

　　大部分的葡萄酒生产商都非常期待来日本访问，因为他们所生产的葡萄酒在这里被认可，得到了恰当的评价，这让他们感到无比满足。虽然从获取利润的方面来看，有些国家比日本看得更加重要，但对生产者来说，最让他们开心的便是自己的工作得到了正确的评价。

拥有『随时能喝葡萄酒』的幸福

　　我从到意大利生活才开始日常性地喝葡萄酒，那已经是40年前的事了。在此之前，我在日本也偶尔会喝葡萄酒，但我一直觉得葡萄酒是一种只有在特别场合才喝的昂贵饮料。当时的关税比现在高，我想当时的日本人大多都有这样一个想法。

　　相反，在意大利，葡萄酒完全是融入人们日常生活的平民饮料。不管是午餐还是晚餐，葡萄酒都必定会出现在餐桌上，是菜肴的一部分，甚至没有人意识到它是酒精饮料。它的地位就相当于日本的粗茶。在日本吃饭的时候，乌冬面也好，鸡肉鸡蛋盖饭也好，炸猪排套餐也好，都会配上一杯粗茶。在当时意大利人的餐桌上，不管是前菜还是意大利面、鱼类菜肴，还是肉类菜肴，都会配上一杯葡萄酒。大学的食堂里也有葡萄酒，甚至在高速公路的服务区，人们照样喝着葡萄酒。

　　就像很少有日本人对餐桌上的粗茶追求极高品质一样，意大利人对葡萄酒的香气、味感、品质并没有很高的要求。大部分人认为葡萄酒只要能够搭配餐食，让食物变得更加美味就足够了。当然它的价格也十分便宜，甚至可以和水的价钱相当。瓶装的葡萄酒已经算是高级的了，意大利的平民餐馆里喝的基本上都是从大桶倒进酒杯零售的葡萄酒。点餐时服务员一般都会问："葡萄酒您是要白的，还是要红的？"同时，顾客还可以点0.25升、0.5升、1升等指定的量。

有一种葡萄酒不怎么引人注目，也不知道产地和名字，但却经常出现在餐桌上，用以点缀用餐时的美好时光；没有什么突出的香味，和任何菜肴都能搭配，总也喝不腻，至今都是我的最爱。

日常和特殊场合需要选用不同级别的葡萄酒

能够自由享用来自不同国家的各种葡萄酒实在是太奢侈了。不过，我认为能够一辈子只喝自己出生地产区的葡萄酒，也是一种幸福。日常生活中根深蒂固的东西或多或少都是这样的。粗茶、酱油、醋、米、盐、糖、鲣干、海带等，很多人用的都是自己在老家就常用的品牌，甚至从未想过要问自己为何选择那个品牌、那个生产商，仅仅是因为"我家一直都用这种酱油"。当然也有用高级品牌的酱油、高级品牌的粗茶等，但并不是很普遍。

传统的葡萄酒消费国，即旧世界的葡萄酒生产国（意大利、法国、西班牙等）的葡萄酒也这样被当作日用品，并不会有人花很高的价钱购买，所以普通人喝的葡萄酒非常便宜。即便在以高端葡萄酒闻名的勃艮第，当地顾客在超市里所购买的葡萄酒也是非常廉价的外国或者法国南部产区的葡萄酒。同样，在日本也很少有人会花 1 万日元购买酱油或盐。

生产优质橄榄油的成本非常高，在日本 500 毫升要花 5000 日元左右。但是在意大利和西班牙等橄榄油需求量非常大的国家，很少会有如此昂贵的橄榄油，超市里摆放着便宜到令人难以置信的橄榄油。这也同样是因为橄榄油在当地被视作日用品。相反，如果不是日用品，是特别的东西，即使是很高的价格，喜欢它的人也乐意购买。鹅肝和松露价格都很高，但是没有人会抱怨，宝石价格高也被看成理所应当。

高端葡萄酒也作为非日用品而存在，是非日常的葡萄酒。波尔多和勃艮第产区酿造的葡萄酒、香槟等被称为优质葡萄酒，不是菜肴的一部分，而是能给人带来很大惊喜的奢侈品。在很久以前，这些产区葡萄酒的地位就已经十分牢固。如果用茶来举例，它们就不是相当于粗茶，而是玉露（高级绿茶）了。这些葡萄酒的价格很高，如果在餐厅喝，甚至可能比菜肴还贵。它们不仅可以搭配食物，自己也能成为主角。那些愿意花大价钱来品尝这些葡萄酒的爱好者们，一点都舍不得浪费。他们反复地摇晃着酒杯，享受葡萄酒所有的香气，并不会一口气喝光，而是慢慢地、花时间去享受所有的味道，既想"赚回"买酒时所花的钱，又觉得这些葡萄酒"随意喝掉实在太浪费了"。

融入日常饮食的佐餐葡萄酒和给予超群享受的优质葡萄酒，可以说处于两个极端，但中间还有各种各样的层次，每个人都可以"酌情"选择适合自己的葡萄酒来享用。自己对葡萄酒的要求也会根据心情和日子的不同而发生改变。葡萄酒也只有在适合自己的舞台上，才能发挥出真正的价值。高端葡萄酒突然出现在日常餐桌上会让人手足无措；同样，在"光芒四射"的高级餐厅的餐桌上端出佐餐葡萄酒也会让人觉得很违和。因为家庭平日的餐桌上不需要极致复杂的菜肴，就像没有人想去高档日式餐馆吃家常菜一样。

没有味道完全一样的两瓶葡萄酒

经常会有"明明是同一款葡萄酒，但感觉和我之前喝过的不一样"之类的感觉。这对于葡萄酒来说，是再普通不过的事情。

我经常陪同来日本的葡萄酒生产商参加活动，一般都是从周一到周五在日本各地做宣传。通常情况下，我中午会和业界人士（批发商、葡萄酒零售商、餐厅的厨师和侍酒师）一起吃午餐，下午是试喝会，晚上会和普通的葡萄酒爱好者共进晚餐，几乎都是这样十分紧密的日程安排。

因为用来试喝的葡萄酒都是现在必须售卖的最新年份，所以每天会试喝 3 次同样的葡萄酒，5 天里则一共会试喝 15 次同样的葡萄酒。然而，在这 15 次中，每次品尝的葡萄酒的香气和口感都会有微妙的不同。有时香味并不明显，总也散发不出来；有时又会迸发出令人惊喜的果香，魅力十足，给人留下深刻的印象。当然，毕竟是同一年份的同一款葡萄酒，装瓶时的风味应该都是差不多的。然而，从装瓶的瞬间开始，每个瓶子都迈出了自己独特的步伐。瓶中残留氧气的量、作为抗氧化剂添加的二氧化硫、软木塞状态、储存条件等微妙的不同，都会逐渐让葡萄酒产生差异。这些差异会随着陈酿时间的延长而逐渐变得明显。即使是同样的葡萄酒，陈酿 50 年后，每瓶葡萄酒之间的差异会变得非常大，会让人觉得是完全不同的葡萄酒。

另外，在不同地方喝的葡萄酒也会给人留下不同的印象。借用酒店的宴会大厅等大房间举办的试喝会（一般不喝进去会吐出来）和在用午餐或晚餐时一起享用的葡萄酒，给人的印象会有所不同。当然，葡萄酒的风味也取决于搭配的食物、房间里的空气和光线、一起喝酒的人以及由谁来侍酒。同时，也有人认为，葡萄酒的风味会随着光照和气候的改变而改变。从这种意义上讲，葡萄酒可以说是一种多变的饮品。可乐和啤酒（非精酿啤酒大公司生产的）为了使瓶差（或罐差）无限接近于零而进行非常严格的质量管理，让人们能够安心地享受同样的味道，但葡萄酒却做不到这一点。

人们常说："世上没有相同的葡萄酒，只有相同的酒瓶。"即便我非常喜欢现在喝的这瓶酒，马上就去买了同样年份的同款葡萄酒，也不能保证两瓶的味道完全一致。"葡萄酒是有生命的"，它每时每刻都在变化。

葡萄酒总是令人『捉摸不透』

如果你去餐厅，可能会看到侍酒师打开客人点的葡萄酒并且品尝。因为侍酒师不知道葡萄酒现在处于什么状态，所以在服务客人之前自己先进行检查。如果有来自软木塞的霉味（也就是软木塞受到污染），就是残次品，需要为客人更换一瓶葡萄酒。除此之外，年份较早的葡萄酒可能会氧化过度，年份较新的葡萄酒则会有还原性气味（在缺氧状态下产生的类似硫黄的、令人不适的风味）等，不打开看看是无法得知的。可乐和矿泉水一定会为我们呈现出我们所期待的味道，所以侍酒师也不会打开可乐或矿泉水进行品尝，因为人们对它的味道绝对放心。反过来说，他们也绝不会给予我们远超预期的惊喜。

花大价钱买来的葡萄酒也会让人失望，有时完全没有寄予期望的葡萄酒却能给人莫大的惊喜。比如，当你找到一瓶被遗忘在酒窖某个角落里的葡萄酒，心想恐怕已经不能喝了，可打开瓶塞的一瞬间，却发现这是一瓶让人不禁屏住呼吸的美酒。这样的情况也时常发生。一丝不苟、总是追求同样味道的人可能无法忍受这种不稳定性。每次入口都会给人留下不同的印象，葡萄酒是永远没有正确答案的饮品。我觉得这就像现场音乐演奏会和激光唱片（compact disc，CD）给人带来的不同体验一样。CD 中不会有失误，永远是完美的，但是也不能给予人们超出期待的完美体验。一成不变的演奏，给人清醒、冷漠的印象；而在现场演奏会中，演奏家会受当天心情的影响，也会有所失误，但是我们会被现场的演奏所打动、所吸引，从某种意义上讲，我们得到了比完美更完美的惊喜。并不能说哪种好、哪种不好，这是两种完全不同的体验。

打开葡萄酒闻香，品尝第一口时总是会很紧张，是符合期待，还是期待落空，抑或远超期待。无论好坏，葡萄酒总会令人震惊。

捕捉葡萄酒最基本的品质

有人说不同时间、地点、场合（time，place，occasion，TPO）的葡萄酒，给人的印象也会不同。这给葡萄酒打上了不能让人安心的标签，但是也不必担心。因为虽说它给人的印象不同，但并不是完全不同，这种不同只有非常仔细地品鉴才能发现。味感强烈的葡萄酒不会突然变得柔和，口感细腻的葡萄酒也不会突然变得粗糙。虽然微妙的差别会让人在意，但是最基本的品质是不会发生变化的。

仔细想想或许人也是一样的，有心情好的时候，也会有心情低落的日子，心情不同也会给当时遇到的人留下不同的印象。根据 TPO，还有当天所穿的服装的不同，也会给人留下不同的印象。平时总是穿着正装的人，如果突然换上休闲服饰，给人留下的印象则完全不同。葡萄酒和人都有各种各样的表情和可能性，我们一次只能看到其中的一部分。尽管如此，我们在生活中还是逐渐拥有了在一定程度上看透对方本质，不被对方的外表、语言、服装所迷惑的能力。当然也有可能会看错，但是通过这些错误，我们可以进一步学习，提高我们的识人能力。

对于像葡萄酒和人这样不稳定且持续变化的特性，不能拘泥于细节，捕捉其最大、最直观的品质是非常重要的。

不要急于找到正确答案

听到这些关键词，如石灰土壤、海风、陡坡等，感觉好像一下就能抓住葡萄酒的特征了。看到石灰土壤，就能想象出从香槟或者勃艮第葡萄酒中感受到的、优美的矿物味；听到海风，就会想到意大利海岸地带或西西里岛产的葡萄酒中所散发出的柔和的果香以及咸咸的味道；说到陡坡，就会不由自主地想到因为昼夜温差大而变得口感鲜明的葡萄酒。这也没什么问题，这些因素确实会对葡萄酒产生这样的影响。但值得注意的是，这些影响并不是一一对应的。

在葡萄酒研讨会这样的场合，总会遇到想要立刻找到正确答案的人。比如，提出"这瓶葡萄酒中的矿物味都是哪里来的呢""这瓶葡萄酒为什么如此强劲"等此类问题的人，急于求得"这种矿物质来自白垩纪海洋中形成的地层""火山土壤的丰富性让这酒变得如此强劲"的答案。若是给出了这样的回答，他们就会露出满意的笑容，但事实并非如此简单。的确，白垩土壤为香槟提供了优美的矿物味，但更重要的是寒冷气候带来的酸度。若是在气候温暖的产区生长的葡萄，即便同样是白垩土壤，也不会有非常明显的矿物味，同样是香槟，也无法从中感受到明显的矿物气味。

针对"为什么"这个问题，可以给出"这块土地中的白垩土壤上堆积着黏土，葡萄吸收其中的养分，果实的香气就会表露出来"这样的回答，也可以对香气和风味进行"似懂非懂"的说明。虽然清晰的答案让人安心，但实际上我们并不能像理解公式一样——回答这些问题。就像人生一样，答案并非只有一个，所有的答案都要视情况而定。一个答案在某一语境下是正确的，放到另一个语境下可能就是错误的。

🍷 怀着热爱之心去探索葡萄酒的神秘

葡萄酒的香气和口感是由很多复杂的因素交织而成的，有海拔、土壤、气候、风等各种各样的因素，还有很多我们不知道的因素也会产生影响。想要全部了解这些因素是不可能的。同样的海拔、同样的土壤，仅仅只隔了一条路，葡萄酒的风味就有可能完全不同。造成这种情况的确切原因也无人知晓，只不过根据以往经验可知，不管哪个年份的葡萄酒都会出现这种差异。

或许是因为我生在京都，长在京都，所以才会被欺负说我"不好（心眼儿坏，性格不好）"吧。但是即使我"不好"，也不一定就是因为我在京都出生，也许是基因就"不好"，也许是家庭环境让我"不好"，也许是因为在生活中吃了很多苦，性格扭曲之后变得"不好"，或者也可能是这些原因共同造成了这个结果。葡萄酒也是一样，正是因为复杂的因素交织在一起，所以香气和风味才变得复杂。这对于喜欢它的人来说是非常有魅力的。

条理清晰固然让人觉得安心，但"不知为何却很吸引人"的想法也让人生变得更加丰富。即使不断地寻找原因，也找不到绝对正确的答案，保留神秘不也非常重要吗？

"风土"造就了葡萄酒的与众不同

葡萄酒是酒精饮料之一。从这个意义上讲，葡萄酒和啤酒、日本酒、烧酒、威士忌一样，在餐桌上或者人们聚会时能起到锦上添花的作用，给人们带来喜悦。人们会根据当天吃的食物和心情来决定是喝啤酒，还是喝葡萄酒或者威士忌。让食物变得更加美味，让餐桌和聚会更加丰富和愉快便是这些酒精饮料的"职责"。因此，对于酒精饮料来说，最重要的就是好喝。好喝的标准每人各不相同，所以不能一概而论。即便如此，还是要让很多人（至少是在场的大多数人）觉得它好喝，这是烘托气氛所不可或缺的。

葡萄酒有一个有趣的特征：即使是同一品种的葡萄，但是产地不同，葡萄酒的香气和口感也会有所不同。因此，葡萄酒是一种能够清晰地反映产地特点，也就是风土的饮品。风土使葡萄酒变得更加复杂，同时也极具魅力。当然，所有农作物都是根据种植地的气候、土壤等的不同而呈现出不同的味道。新潟的米和鹿儿岛的米即使是同一品种，味道也不一样。北海道和九州岛的土豆也会有不同的风味。只是葡萄酒的"不同"或者是"差别"的范围、幅度更大一些。北海道和九州岛的米和土豆能吃出来差别，但若是一条路两边的两块土地，就没有人能分辨出来，但这样的差别在葡萄酒中却极为明显。著名的罗曼尼康帝和李奇堡，虽然它们的产地相邻，但罗曼尼康帝高雅而完美，而李奇堡华丽而高贵。它们产出的葡萄酒也有着明显的差异。即便是普通人，也能察觉到其中的不同。

更有趣的是，这种差异只有在酿造葡萄酒时，才会变得明显。即使吃的是相邻产地的葡萄，也不会觉得有很大差别，而酿成葡萄酒后，就能立刻感受到明显的差异。即使不举如此极端的例子，在炎热产地酿造的葡萄酒（浓厚的果香、较高的酒精度、完全发酵的果实等）和在寒冷产地酿造的葡萄酒（冷冽的酸度、纤细紧致的口感、未完全发酵的果实等）也比较容易分辨。这就是人们常说的"葡萄酒体现了风土"，也成了葡萄酒独有的显著特征。

风土是指集产区、地形、土壤、气候、当地酿酒的传统工艺为一体的，只有那个产区和土壤才有的个性和特征。能够读出葡萄酒背后的风土，对葡萄酒爱好者来说是极具魅力的。不过需要注意的是，葡萄酒虽然能够表现出风土，但喝葡萄酒时，也并不一定要对其进行评价。对不感兴趣的人来说，风土没有任何价值。对于只将葡萄酒当作好喝的酒精饮料来享用的人来说，并不会想去了解葡萄酒究竟表现出了怎样的风土。自然也会有人在忙碌的日常生活中，为了寻求片刻的放松在餐桌上喝酒，他们不会去想象葡萄酒背后的风土，并对其没有一丝兴趣。最好不要向这样的人讲解葡萄酒背后的风土或者葡萄酒的相关知识，因为这是非常愚蠢的行为。

🍷 风土葡萄酒和品种葡萄酒

一方面，欧洲长年酿造葡萄酒，同时也消费葡萄酒，现在仍是最大的葡萄酒产地和葡萄酒消费地。欧洲人普遍认同葡萄酒是风土的产物，会在酒名中加入地名。波尔多、勃艮第、基安蒂、巴罗洛、里奥哈等都是地名，品种名一般不会写在酒标上。这也体现出，比起品种，他们更在意风土，因此才有了风土葡萄酒的说法。这些葡萄酒的目标人群是那些相当了解葡萄酒的消费者，因为是长年酿造葡萄酒的产地，欧洲的消费者们一提到波尔多就知道是这种味道，一提到基安蒂就知道是那种味道。否则，它作为商品就不能发挥作用。

另一方面，在新世界国家，即使说出产地名，消费者也无法想象出这是一款怎样的葡萄酒，所以生产者会在标签上标记葡萄品种名。因为有些消费者了解霞多丽、梅洛、赤霞珠等葡萄品种的酿酒特征，所以只要标记品种，他们就能大致想象出这款葡萄酒会有怎样的风味。在这种情况下，如果不能酿造出保留品种特征的葡萄酒，就会辜负消费者的期待，所以这种葡萄酒被称作品种（或者有品种特性的）葡萄酒。

不是说哪种葡萄酒更好，而是酿造方法有所不同。最近在新世界国家，重视风土酿造葡萄酒的生产商也逐渐多了起来。

无论是吃饭还是喝葡萄酒，『心情』都是最重要的

高端葡萄酒并不总是表现得非常完美。因为我从事葡萄酒相关的工作，所以有幸喝到过价值不菲的葡萄酒，但我个人还是更喜欢融入日常生活的葡萄酒。我在意大利从事了10年《葡萄酒指南》的编写工作。葡萄酒导购要在每年4—8月集中试喝接下来一年内要发售的葡萄酒，并对其做出评价。他们每天都要品尝100种左右的葡萄酒，午餐会喝当天试喝的葡萄酒。毕竟已经打开了，迟早都是要扔掉的，所以任意一种葡萄酒都是可以随便喝的。4~5人一起吃午餐的情况比较多，大家在午餐时想喝的葡萄酒并不是获得很高评价的高端葡萄酒，而是平易近人的佐餐葡萄酒。明明可以喝一瓶近10万日元的葡萄酒，为什么反而不那么高级的葡萄酒人气更高呢？集中品尝100种葡萄酒会让人感到相当疲惫，下午还要参加总结葡萄酒评价的会议，午餐的时候是希望能够放松一下。这时，高端葡萄酒就没有那么合适。大家想

要的是一杯能够搭配餐食的、柔和的葡萄酒。

高端葡萄酒固然美妙，但充分地享受它则需要集中精神。所以，如果没有充足的时间和饱满的精神，就不会想喝如此高级的葡萄酒。就好像在经历了一整天的辛苦劳作而筋疲力尽时不会想读海德格尔的作品一样，我也不想在这时打开一瓶拉图拉维德酒庄的葡萄酒。当然，如果周末时间充裕，认真品尝一瓶高端葡萄酒也会让人感到十分愉悦。不过，至少我并不想每天都喝。

年轻的时候，我读过赫伯特·冯·卡拉扬的作品。他曾说过这样一句话："我希望每天都能度过特别的一天，尽管很多人不愿意每天都过得很特别"。在日常生活中，一切都是特别的。我印象里这句话很有卡拉扬的风格。我和卡拉扬不同，是一个无法忍受每天都不同寻常的普通人。每天当我吃完米其林 3 星的全套法餐之后，总会毫无理由地想吃素面。所以，我也更加喜欢贴近日常生活的、平易近人的葡萄酒。

在品尝很多葡萄酒的日子里，我经常会去当地朴素的意大利餐馆吃晚饭，并且品尝当地朴素的葡萄酒。那些不会刊登在《葡萄酒指南》上的无名葡萄酒也非常好喝。虽然高端葡萄酒会让人感动，但是这种"随意喝些无须感动、无须评价的葡萄酒"的傍晚也是十分奢侈的。如果被"人生苦短，一餐也不能浪费，必须要喝高端葡萄酒"这样的想法所束缚而无法好好享受美食和葡萄酒才是最愚蠢的做法。无论是食物还是葡萄酒，适合当天心情的才是最好的，有的时候甚至会觉得 1000 日元一瓶的葡萄酒比 10

万日元一瓶的葡萄酒还要好喝。

　　有的电影充满戏剧性，令人感动，我很喜欢。而有的电影虽然没有戏剧性事件的发生，但它平淡描画的日常中满是丰富的细节，这也是我非常喜欢的。让人心焦的恋爱固然美好，但平淡无奇的日常生活也同样令人喜爱。我就喜欢这样的葡萄酒饮用方式。

缺点和魅力并存

"改正缺点，发扬优点。"在教育方面经常能听到这样的话，但这并不是多么简单的事情。在大多数情况下，优点和缺点是紧密相连的。性子急是缺点，但工作迅速是优点；没有协调性是缺点，然而不轻易妥协、能够坚持自我却是优点。关键是看从哪个方面去理解，角度不同，缺点也可以变成优点。

葡萄酒的优点和缺点也是紧密相连、难舍难分的。香槟的强酸可能是白葡萄酒的缺点，但利用瓶内的二次发酵来制作起泡酒，这一特点又成了优势。波尔多葡萄酒中未成熟的单宁可能并不讨人喜欢，然而陈酿之后的它却是保持清新口感必不可少的，在酿造需要长期陈酿的葡萄酒时，陈酿30年甚至40年后，单宁才能真正发挥出自己的价值。就像没有毫无缺陷的人一样，没有缺点的葡萄酒也不存在，但是它的缺点同时也可能成为它的优点。橡木桶的气味太强、挥发酸过高等可能是葡萄酒的缺点，但也有人喜欢非常强烈的橡木桶香气，挥发酸过高的葡萄酒会散发出华丽的香气，因此也有人喜欢。

几年前，我在西西里岛采访时，一位外国记者走过来说："瑟拉索－罗维多利亚既不醇厚，也没有橡木桶的香气，怎么就能被认定为意大利最高等级的保证法定产区酒（Denominazione di Origine Controllata e Garantita，DOCG）呢？我实在是想不明白。"对她来说，有浓郁橡木桶香气和醇厚口感的葡萄酒才是高级葡萄酒。活跃在意大利托斯卡纳的传奇酿酒师朱力欧·甘贝里酿制的葡萄酒大多都有很高的挥发酸，所以会散发出华丽的香味，非常吸引人。葡萄酒有很多种香气和味道，每个人都有自己喜欢的风格。尽情享用自己喜欢的，不喜欢的不要在意就好。

布雷特酒香酵母菌会污染葡萄酒，使葡萄酒散发出马厩般令人不悦的气味，酿酒师们都很惧怕它。但是有一段时间，以波尔多葡萄酒为中心，相当大一部分产区的葡萄酒都受到了污染。也有一部分人开始认为少量布雷特酒香酵母菌的存在，能让葡萄酒拥有更加复杂的层次（我并不这么认为）。明明在以前明显是缺点，现如今已经逐渐有人将其看作优点了。

以前，我曾和法国香水品牌的调香师聊过。她说："收集美妙的香味，巧妙地将其混合，不一定能做出优秀的香水。将几种极好的香味混合之后，再加入少量不太好闻的香味（仅此一种味道的话，会令人感到不快），经常就能做出非常优秀的香水。"即便是人，品行端正、无懈可击的人也不一定是最有魅力的，稍微有些缺点，或许会更有人情味，也更加吸引人。不止有光，稍微有些影子会显得更加复杂、更有魅力。香水是这样，葡萄酒、人又何尝不是如此呢。

我在从事《葡萄酒指南》的编写工作时，会尽量避开自己不喜欢的葡萄酒，希望可以尽量准确地传达自己喜欢的葡萄酒的个性和特点。喜欢沉稳柔和的葡萄酒的人，不会喜欢果香较为突出的葡萄酒；而对于喜爱口感较为奔放的葡萄酒的人来说，一定会对它们爱不释手。《葡萄酒指南》的作用是把葡萄酒的特点准确地抓住并展示出来，让读者更容易找到适合自己口味的葡萄酒。读者的喜好各不相同，它并不是为了把读者向任何一个方向诱导。对我来说是缺点的特征，对别人来说或许就是优点。

认可多元的价值观，让每个人都能随心所欲地享用葡萄酒才是最理想的。

《葡萄酒指南》和葡萄酒的品质

如果在简历上写着"出生于A县，毕业于B大学的法学系，进入C公司后一直从事销售工作，爱好是读书和旅行"。总会感觉看似了解了这个人，但实际上什么也不了解。而听熟悉那个人的人说"那家伙很讨厌"或者"那个人其实是个好人"就能立即了解到本质。"她很认真"或者"他有些散漫"这些话远比简历更能说明其为人。

葡萄酒也是一样，"这款葡萄酒是淡麦秆色的，有光泽，有茉莉花、青苹果和没熟透的洋梨的香气，入口口感中等，酸味清新又持久。"这样说感觉好像都明白了。当被问起"那它究竟是什么样的葡萄酒"，却又不知道如何回答，因为只描述了印象，而没有抓住本质。"性感的、魅力十足的葡萄酒"或者"严格的、让人无法自拔的、冷峻的葡萄酒"，这样一说似乎就能明白这款葡萄酒的品质了。

对我来说，用尽可能简练的语言去描绘事物的本质是我编写

《葡萄酒指南》的初衷。

🍷 排行榜的谎言

　　我和从事编写《葡萄酒指南》工作的伙伴们经常一起畅想的是"制作不打分的《葡萄酒指南》"。我非常讨厌给葡萄酒打分。若是想到用分数来评价自己爱的人，比如，给这个人打95分，给那个人打80分，那就很容易感受到这是一件多么丑陋的事。同样，用分数来残酷地评价心爱的葡萄酒，也是一件相当痛苦的事情。如果可以的话，我想要用"这款酒虽然不是十分强劲，却非常精致、持久，余味绵延。乍一看很简单，但内涵丰富且复杂。极力推荐"这样的字句来传达葡萄酒的品质。而且92分与93分之间的差别相当微妙，除了自己能感觉出来，并没有什么客观的证据可以证明，的确不好界定。但是不打分又是不可能的，不打分的指南是卖不出去的。许多读者对详细的记述并不感兴趣，甚至不看正文。他们仅仅只想一目了然地看到分数，如果是95分，就会尝试买；如果是82分，那便不会买了。

　　葡萄酒的种类和风格多种多样，消费者的爱好也各不相同。在某种意义上，想要正确评价是非常困难的。正因为如此，人们才会为了避免这样的烦恼，而毅然决然地追求这种表示评价的分数。根据分数进行评价，对不太习惯喝葡萄酒的新兴市场更有影响力，而对于从年轻时起（在意大利和西班牙，常常是从小就开始）就喝惯了葡萄酒的欧洲等地的消费者来说，则没有太大的影响。因为他们清楚地知道自己的喜好，所以不太会受分数的影响。

《米其林指南》也是如此。2 星和 3 星的差距并不明显，不过对于餐馆来说，就是天与地的差别了。餐馆老板会说："2 星没有太大意义，但获得 3 星，人生就会改变。"（这种倾向在欧洲很强烈，但在日本却并没有那么重要）。如果是 3 星，预约就会蜂拥而至；如果降到了 2 星，预约就会变得很少，甚至有厨师被失去 3 星的恐惧而折磨到自杀。米其林的成功毫无疑问在于其温暖的评价。与其他餐馆指南相比，米其林的记述少得出奇。晋升为 3 星级和被下调为 2 星级的理由一概不提，所以才会引起这样或那样的争论。"给那家餐馆 3 星有点过了吧，我无法接受""为什么那家餐馆失去了 3 星，我无法理解。对我来说，这家餐馆是世界上最好的餐馆"这正是米其林的想法——不能接受它温暖的味道的人越多，星级的重要性就会越明显。

我在意大利大红虾餐馆做了长达 10 年的餐馆匿名调查工作。这个指南有半页的记述栏，所以只要读了正文，就能明白为什么我会给某家餐馆打 92 分并给予高度评价了。不过，像这样的餐馆指南不太成功。很多消费者并没有耐心仔细阅读正文，去了解这是一家怎样的餐馆。他们并不在意餐馆的特点和类型，只对这家餐馆是 2 星级还是 3 星级感兴趣。对这样的消费者来说，没有比简单的分数评价更有效的指标了。

生产商的神话

近年来，生产商来日本的次数增多，听到消费者评价的机会也随之增多。如果他们不加批判地接受这些评价，会怎样呢？酿酒师未必很擅长做葡萄酒评论，不仅是酿酒师，厨师、艺术家也一样。造物者根据自己的经验，制作出自己认为最好的葡萄酒、菜肴、艺术品，把它们放在市场中接受检验，没有必要持有中肯的评价能力，且大多数场合也确实不需要。毕竟，评论是学者和研究者的工作，而不是生产者的工作。

毕加索在不同的时期创作了自己认为最好的画。他并不是为了在现代美术的潮流中获得一席之地，也并不渴求得到任何评价。他自己对那样的工作也没有兴趣。酿酒师也是一样，充分利用自己所在产区的特点，酿造出自己认为最好的葡萄酒，而不去考虑它的原产地和在世界上占据怎样的位置。创作作品的人，未必都是自己作品的优秀评论家、解说者。典型的例子是作曲家自己指挥或用钢琴演奏自己的曲子，并不比专业的指挥家或钢琴演奏家优秀。斯特拉文斯基自己指挥的《春之祭典》和《火鸟》非常平淡，但在布莱兹的指挥下，曲子表现得张弛有度，演出效果也更好，当然，喜欢的人也就更多了。比起斯克里亚宾的自导自演，我想很多人喜欢霍洛维茨的华丽演奏。生产者不一定是最好的评论家，我们有必要认识到这一点。

葡萄酒也是一样，比起酿酒师全力以赴酿造的顶级葡萄酒，我更喜欢不费吹灰之力就能酿造的葡萄酒。当然，如果告诉他本人，可能会让他很受伤。不过，这也没办法。歌手也是如此，即使是他们认为很自信的作品，也不一定大受欢迎。有时候，B 面的曲子反而更受欢迎（在唱片时代，把认为好听的曲子放在 A 面，把认为冷门的曲子放在 B 面）。

另外，生产商是第一利害关系人。他们依靠生产和销售葡萄酒维持生计。因此，站在幼稚的性善论立场上，我们必须避免嗤笑生产商的愚蠢行为。除非是非常亲密的朋友，否则不要说对自己不利的话。葡萄酒庄是哪一年成立的？葡萄园在哪里？有多少公顷的土地？这些基本信息都可以向生产商询问。但关于葡萄酒的特点和评价，生产商未必会给出答案，仅提供了"酿酒师是按照这样的想法米酿酒的"这一参考。这和读落语家或演员的艺术故事是一样的。

不要被葡萄酒的故事所左右

拿破仑最喜爱的葡萄酒是热夫雷香贝丹。有人会觉得拿破仑什么样的葡萄酒都能得到，他喜欢的葡萄酒一定是非常高级的。这还真不一定，因为他既不是美食家，也不是葡萄酒专家，而是工作狂。不难想象，像他那样拼命工作的人，应该没有什么时间用来吃饭和喝葡萄酒。如果是美食家布里亚·萨瓦兰喜欢的葡萄酒，那么可信度将会大大提高，拿破仑并不可信。只是这样捏造的故事竟出乎意料地四处蔓延。

"意大利人去的意大利餐馆一定好吃"之类的话也都是凭空捏造的，因为并不是所有意大利人都是美食家。在罗马的时候，有意大利人说："因为是日本人聚集的餐厅，所以味道有保证。"就好像所有日本人都是美食达人一样。所有的人都聚在一起，当然有可能是因为菜肴好吃，但也有可能是洽谈生意的重要常客，或许有可能是那家餐馆恰巧适合设宴罢了。如果说意大利人去的餐馆很好吃，那么意大利的所有餐馆和街边的意式餐馆也应该都很好吃。这种"虚构"很好听，但往往是危险的。

虽然有些偏题，但这让我想起了佐村河内守的代笔作曲家事件。被称为"最优秀的作曲家""日本贝多芬"的佐村河内守的作品其实是由代笔作曲家新垣隆创作的。这是当时人尽皆知的丑闻。无论《第 1 号交响曲》是由佐村河内守作曲，还是由新垣隆作曲，歌曲的价值都不会发生改变。另外，无论佐村河内守的耳朵能否听到，都不会对这首曲子的价值产生影响。同样，在酿酒方面，生产商无论是克服了重重困难酿造的，还是不费吹灰之力轻松酿造的，对葡萄酒的品质都没有影响。

人们经常讲述这样的故事：在面向地中海的、悬崖上的梯田葡萄园里，一个家庭团结一致、克服困难，酿造了葡萄酒。这是一个非常有趣的"故事"，但这并不能说明葡萄酒的质量就很好。因为并不是辛勤工作就能使酒的风味更好，好的葡萄酒是产地、风土、气候等综合的结果。

葡萄酒一直是欧洲历史的一部分，它充满了故事。这样的"故事"很有趣，但与葡萄酒的质量没有关系。葡萄酒质量的好坏只有亲自品尝后，才能知道。盲饮葡萄酒也许能判断出品种和产地，但你永远无法读懂拿破仑喜欢的葡萄酒是否真的高级。从这个意义上说，葡萄酒的质量与品种和风土有直接关系，但与故事无关，或许它们更适合被定位为附件。

将葡萄酒融入日常生活

不论是足球还是橄榄球，在世界杯期间都令人非常兴奋，但在世界杯结束之后热度就瞬间下降了，这是必然的结果。世界杯期间之所以非常热闹，是因为球迷们是为了国家获胜而欢呼，或许他们并不是真的热爱足球或者橄榄球。事实上，对世界杯足球赛事热情高涨的球迷们，对世界杯橄榄球赛事也会同样热情高涨。当然，有的球迷既爱足球又爱橄榄球，不过比起运动本身，更多的球迷还是更喜欢"应援"和"一体感"。因此，一旦庆祝活动结束，他们就对日常的联赛不感兴趣了。毕竟，对他们而言，胜负带来的一喜一忧是一种"助威"，而非"观战"。事实上，比起认真观看整场比赛，许多人只等待进球或带球触地的那一刻。

电视转播更是加剧了这一现象。这不是一次体育转播，而是一次应援活动，邀请了非常多的嘉宾，而且几乎都是啦啦队。他们呐喊、欢呼，一心希望日本能够获胜。在这种行为中，无法看到享受运动本身的态度，只能看到希望日本队能够获胜的坚定信念。所以，足球也好，橄榄球也好，排球也好，无论什么都可以，这并不重要。

体育爱好者们喜欢看比赛。当然也会有支持的球队，但比起希望自己喜欢的球队获胜，他们更希望能看到一场精彩的比赛。他们希望看到令人窒息的、紧张的事态发展和令人难忘的比赛，即使是对方球队的比赛。胜负并不重要，重要的是他们如何发挥。他们喜欢观看，而不是欢呼。世界杯结束后，这些球迷不会放弃这项运动，也会继续观看联赛的比赛。这些粉丝将这项运动作为一种竞争而不是节日来热爱，需要培养的正是这些粉丝。

这同样适用于葡萄酒：有必要重视那些在日常生活中欣赏葡萄酒细微差别和风味的爱好者，而不是把葡萄酒当作特别活动进行享用的粉丝。不是因为"拿破仑喜欢"而喝热夫雷香贝丹的爱好者，而是真正喜欢其味道的爱好者。那些有自己偏好的爱好者才是支持葡萄酒的人，他们不会被葡萄酒的价格或名气所干扰。

第 2 章

找到属于自己的
享用方式

葡萄酒 千方百计地享用

经常有人问："葡萄酒应该怎么喝才好呢？"当然是想怎么喝就怎么喝，没有什么所谓的规则。只不过葡萄酒有几个特点，如果能够抓住这些特点，就更容易找到适合自己的享用方式。

🍷 享受味道的变化

在开瓶之前，葡萄酒基本上处于不接触氧气的还原状态。在开瓶的一瞬间，葡萄酒接触到空气（氧气），香气和口感就会迅速发生变化。越是经过多年陈酿的葡萄酒，这种变化就越明显。将葡萄酒倒入酒杯的过程会使其接触到更多的氧气，从而加速这种变化。

若是陈年的葡萄酒，则将会开瓶的 2～3 小时发生显著的变化。最初香气封闭，口感也较为生硬；而等待 10 分钟左右，香气就会变得浓郁，花香和果香逐渐散发出来，口感也逐渐变得柔和。对于葡萄酒爱好者来说，享受这种变化是无法抗拒的。

若是有剩下的葡萄酒，放到第二天再喝则会发生更进一步的变化。很多时候，放到第二天的葡萄酒更好喝。如果是在餐馆点一杯葡萄酒，就可能无法感受到这种变化，这让我觉得有一些遗憾。

🍷 享受香气

葡萄酒的香气很有特色，如果不好好感受一下，就太可惜了，所以请在葡萄酒入口之前感受一下它的香气吧！如果对香气不感兴趣，直接入口品尝当然也没有任何问题。在餐桌上聊得太起劲而忘记去欣赏葡萄酒的香气也是常有的事情。即便如此，只要喝起来觉得好喝，那就足够了。

如果想享受葡萄酒的香气，可以选择稍大一些的酒杯。杯口稍向内收的郁金香形（据说非常适合波尔多葡萄酒）酒杯，比较万能，既能让香气适当聚集，又能让口感更加平衡，也有人喝所有的葡萄酒都用这种酒杯（包括起泡葡萄酒）。如果想让葡萄酒的香气更好地散发出来，可以使用球形酒杯（据说非常适合勃艮第葡萄酒）。因为球形酒杯可以使葡萄酒与空气有更好地接触，香气很容易散发出来。至于究竟多么重视葡萄酒的香气，则要看喝酒人的喜好了。

喜欢葡萄酒的人经常摇晃酒杯以便更好地享受葡萄酒的香气，这种做法也是可取的。不过如果摇晃酒杯的幅度过大，酒就有可能溅出来，给周围的人造成困扰，这点需要注意。也有很多人在葡萄酒入口后不是立即咽下去，而是先含在口中充分享受葡萄酒的香气和风味。在试喝时，有时会将葡萄酒含在嘴里像漱口一样发出"咕噜咕噜"的声音，但在餐桌上发出这种声音则会让人感到不适。专业品酒师试喝的时候，可能会在饮酒时将空气一同吸入口中，发出"吸溜"的声音，但是在餐桌上可千万不能做出这种行为。不用这么做，也同样可以品尝出葡萄酒的风味。

这种看上去似乎"在进行非常专业的试喝"的行为非常不好看，真正拥有极高品鉴能力的人，即使不这样做也能马上对葡萄酒的品质做出判断。不管怎么说，葡萄酒的存在是为了让餐桌变得更加愉快，所以至少不能让同桌的人感到不适。如果不喜欢这样，那就一个人吃饭吧。

轻松的环境会改变味道

一般来说，那些伪葡萄酒专家们都会对试喝环境要求很高。像什么"如果空气不清新，就不能试喝""背景音乐太吵，让我无法集中精力""应该按照这个顺序进行试喝"之类的，总之就是很多要求。甚至还有人会说："这个光线不合适。"这些问题全都是因为自己不够成熟。

当然，试喝时，如果能有清新的空气、安静的环境、明亮又柔和的光线、合适的试喝顺序，确实也是非常理想的，只是很少会具备这么完美的条件。同样，试喝也只能在当下现有的环境中

进行。只要能够专心于自己杯中的葡萄酒，大部分问题都能迎刃
而解。

我曾经有幸拜访过意大利最有名的被称为"传说中的"酿
酒师贾科莫·塔吉斯。他说："带你看看我都在哪里试喝吧！"说
完，他带我去了一个厨房旁边放洗衣机的房间。虽然那里也有水
龙头和洗脸台，吐出葡萄酒和清洗酒杯都很方便，但这也并不是
最好的环境。他微笑着说："这里最让我安心"，就好像弘法①不
挑剔笔一样。

我在从事编写《葡萄酒指南》的工作时，也在各种各样的
环境下试喝过。为了编写《葡萄酒指南》，我和同事们需要在一
周内品尝 1000 多种葡萄酒，光是放置这些葡萄酒就很占地方了。
我们基本上都是借用酒店或者餐馆的会场。毕竟他们也没有让我
们出钱，只是出于好意帮助我们，所以也不好提出过分的要求。
因此，即使在比较恶劣的环境下，我们也坚持试喝。我们在酒店
大厅的角落隔开一块空间进行过试喝，在像仓库一样的地方进行
过试喝，在举行宴会喧闹的房间的隔壁进行过试喝，也在烟雾弥
漫的房间进行过试喝。当然或许我们无法做到 100%，但是只要
努力，90% 左右的试喝判断还是能够做到的。

因为不可能事事顺利，所以在当下现有的环境中好好享受，

① 译者注：空海，谥号弘法大师，日本真言宗的开山鼻祖，也是日本三笔之一，
擅长书法。日本人常用"弘法にも筆の誤り"（意思是弘法大师也有笔误）来表示智者
千虑，必有一失。

努力拼搏吧。

相信自己的第一印象和直觉

在编写《葡萄酒指南》时，我一天要品尝 100～120 种葡萄酒。经常会有人问："试喝这么多葡萄酒后，你还能正确评判最后喝的葡萄酒吗？"这正是最重要的一点。在品尝过程中，嗅觉和味觉会逐渐衰退，所以很有必要采用即使品尝 100 种葡萄酒，也不会降低判断能力的方法。

在拜访生产商时，通常会品尝 6～10 种葡萄酒。集中全部精力品尝 10 种葡萄酒，是完全没有问题的。但是当你想全神贯注地去试喝 100 种葡萄酒，在品尝到第 20 种葡萄酒前后时，你的判断能力就会急速下降。如果试喝第一种和最后一种葡萄酒时的评判标准不一样，那可就不好了。如果试喝 10 种葡萄酒时，可以对所有的葡萄酒都投入 100% 的精力，那么当需要试喝 100 种葡萄酒时，最开始可以只投入 70%～80% 的精力。这样我们就能从品尝第一瓶葡萄酒到最后一瓶葡萄酒时，都保持稳定的判断能力。

如果试喝 10 种葡萄酒需要采取短跑的跑步方法，那么试喝100 种葡萄酒时需要采取的则是马拉松的跑步方法。跑马拉松时，会有选手最开始跑得很快，冲到了最前面，但是跑到中途就会耗尽力气，名次逐渐落后。试喝时就要避免这种情况发生，必须像领跑者一样，平均分配精力。

增加品酒师的数量，不是每人试喝 100 种，而是每人每天品尝 15 种，这样似乎就能解决问题。然而，找到能够信任的品酒师是非常困难的，所以我们 8 个人每年都要品尝 5 万种左右的样品。因为值得信赖的品酒师只花费 80% 精力的试喝结果比不值得信赖的品酒师拼尽全力的试喝结果更令人放心。

在编写《葡萄酒指南》时，我学会了如何在一瞬间评判葡萄酒，无论多么复杂的葡萄酒都会在一瞬间判断出它的品质，这一点非常重要。越是一流的酿酒师和生产商，试喝越迅速。拿起酒杯摇晃个不停的，才是生手。第一印象和最初的几秒决定胜负，想得越多，判断越容易出错。侍酒师大赛的盲品（在不知道品种的情况下试喝，并猜测品种的测试）环节也一样，一开始说 A 之后重新考虑改成 B，通常最开始的答案更加接近正确答案。通常情况下，酒杯越摇晃越让人感到迷茫。

判断一个人也是如此，没有比第一印象和直觉更好的了。越多听对方说的话、越是了解对方，误判的可能性就越会增加。

坚持自己的试喝风格

因为从事葡萄酒相关的工作，我有幸有机会和很多酿酒师、生产商、记者们一起试喝，大家试喝的方法各不相同。勃艮第神话般的生产商拉露·比兹·勒桦会像拿白兰地酒杯一样用双手包住酒杯，就好像捧着惹人怜爱的雏鸡一般温柔地捧着酒杯，小口品尝杯中的葡萄酒。法国著名记者米歇尔·贝坦则会喝下一大口酒然后全部吐出。意大利葡萄酒之王安杰罗·加亚会在稍微闻香后，喝下极少量的葡萄酒，抿一下嘴唇，用舌头搅动一下口中的酒之后咽下去，然后发表感想，之后便不再触碰酒杯。

虽然大家风格各异，但是一流品酒师的举止都很有说服力。同样，不管是茶道、花道还是舞蹈，名家的举止都是优美的。因为是经过反复试验，从长期的经验中总结出的、属于自己的一套试喝方法，所以不会有什么多余的动作，看起来非常流畅。

这和棒球的击球方式是一样的。稻草人式打法也好，钟摆式打法也罢，哪怕是奇怪的姿势，只要能打出安打或者本垒打就可以。能打出安打或者本垒打的打法怎么看都是优美的，所以并没有什么正确的试喝方法，只要对自己来说是正确的就可以了。即使乍一看很奇怪，坚持自己的风格也很重要。

不懂盲品是理所当然的

在侍酒师大赛中有一项测试被称为盲品，即隐藏葡萄酒的信息，让侍酒师猜出其品种、产地、年份等。即便是经过重重选拔并且胜出的侍酒师，也几乎无法猜出正确答案。不过，从某种意义上讲，这也是理所应当的，因为这简直是不可能达到的要求。

首先是品种，如果是品种特点较为明显的品种葡萄酒，想要猜中还是比较容易的。比如，新世界国家较为平价的长相思就很容易被猜中。不过比起品种特点，风土葡萄酒还是风土特点比较突出，时常会猜不出品种。即便同样是霞多丽，某些葡萄园酿造的葡萄酒会散发出令人意外的香气。如果对这个品种的葡萄酒不甚了解，是无法猜中的。

其次是产地，特点很明显的产地（风土特征典型）产出的葡萄酒非常好猜，而风土特点较弱的产区的葡萄酒就很难猜中了。以低价位的霞多丽和梅洛为例，经常就有人分辨不出是智利产的、南非产的还是法国南部产的。当然较为寒冷的和较为炎热的产区的葡萄酒非常好分辨，但如果要精确到国家，就要在 3～5 个选项中选一个，赌一把了。

年份也很难对付。如果是像勃艮第的白葡萄酒和波尔多的红葡萄酒那样发酵速度较为缓慢的葡萄酒，根本无法判断出这酒是葡萄收获后第二年还是第三年酿造的。如果要判断较近年份的葡萄酒，那么就要思考哪一年是炎热年份，哪一年是寒冷年份，需要根据自己所掌握的知识来确定。只不过，想要根据年份特点进行判断的前提是知道这瓶葡萄酒的产地，否则无法判断。如果实在猜不出来，只能赌一把。例如，现在试喝的葡萄酒是勃艮第的白葡萄酒，而且这种清澈的酸味是 2014 年葡萄酒的特征，以此进行判断。所以如果一开始"我认为这是勃艮第的白葡萄酒"就错了，后面就都是错的。

经常有人会嘲笑别人说："品种、产地、年份怎么一个都判断不出来啊。"其实是一步错，步步错，这种情况是非常常见的。若是经过长期陈酿的葡萄酒，则更难判断。即便是同一品种，相同产区的葡萄酒，有的经过多年陈酿后，喝起来还感觉非常年轻；而有的仅仅才过了 10 年，就已经很成熟了。

想要评判一位品酒师的实力，比起能否正确判断出葡萄酒的品种、产地、年份，更重要的是他会给出怎样的评价、犯下怎样的错误。例如，如果盲品一款已经陈酿 25 年的、产自 1995 年的红葡萄酒，这种红葡萄酒一般被认为陈酿 10 年左右最适饮用（如勃艮第红葡萄酒或托斯卡纳的经典基安蒂），那么这种酒喝起来会让人觉得它年轻得惊人。无论谁去品尝，都会觉得这葡萄酒才陈酿 15 年左右。如果这时参加大赛的品酒师回答这酒是 2005 年的，说明他的判断能力很强，是一位非常优秀的品酒师。错误中往往隐藏着真相，如果他回答说这是 1995 年的葡萄酒，虽说答案是正确的，但这也说明他无法很好地判断出葡萄酒的陈酿时长。唯一例外的就是，有品酒师曾经喝过那个年份的同款葡萄酒，脑海中还留有印象，但这种情况是非常少见的。所以在这种情况下，给出 2005 年这个错误答案的人反而应该得到更高的分数，而回答 1995 年的人则会大大落后于他们。

可能会有人说："那就不要在盲品中使用这种让人意想不到的酒了！"但是正如之前所说的，如果葡萄酒不开瓶，我们就不知道它是什么样的，选择这款红葡萄酒的主办方也没有想到它会如此年轻。想要在盲品中猜中品种，运气也是不可或缺的，不过也不能说完全猜不中。与其花时间深思熟虑，不如相信直觉，这样反而更容易猜中。我猜中品种的时候，大多数都是有 5 ~ 10 个选项，相信第一感觉说出来，结果恰巧猜中了。在漫画和电视剧里经常看到的那种随便递来一杯葡萄酒就能说出它的品种和年份的桥段，在现实生活中是根本不可能出现的。

🍷 能判断出品种的品酒师并不一定就是优秀的品酒师

有一次，西西里岛的一位生产商收集了 15 款埃特纳产区的葡萄酒进行试喝。参加试喝的有酒庄的主人（负责销售）、另一位主人（负责种植）、酿酒顾问、皮埃蒙特的著名生产商朋友和我，一共5人。这15款酒里有2款是这个酒庄酿造的。这次试喝并不是为了分析品种，而是相互阐述对1～15号葡萄酒的看法，最后公开这些酒的品种。虽说并不是必须要分辨出哪两瓶酒是由主办这次试喝会的酒庄酿造的，但大家都会不自觉地去思考。陈述自己想法的同时，总会有人提到类似于"5号葡萄酒是你们酿造的吧"之类的话，但是从结果来说，所有人都没能猜出来。

即使能够准确地分析出这是一瓶优秀的葡萄酒、这是一瓶有魅力的葡萄酒、这瓶葡萄酒有一定缺陷等，想要完美地猜中葡萄酒的品种也是非常困难的。

我亲眼看见过这样一个尴尬场面：在另一个试喝会上，有一个小组需要盲品8款葡萄酒，酿酒顾问担任了这个小组的讲师，而在那个小组中被贬得一文不值的葡萄酒正是他酿造的。并不是能在盲品中判断出品种的就是优秀的品酒师，即使是优秀的品酒师也常常会猜错葡萄酒的品种。

🍷 拥有"葡萄酒绝对音感"的人

迄今为止，我一共遇到过3位在分析葡萄酒品种方面拥有天赋的人。这3位都是男性，他们分析的方法和我完全不同。包括我在内的普通人都是通过推论分析品种，比如，"我认为这款白葡萄酒是勃艮第的（这种程度的判断只要对葡萄酒稍微有些了解的都能够完成）。这种恰到好处的优良品质不禁让人想起普里尼 - 蒙哈榭，默尔索给人的印象应该会更加丰满柔和。但是这瓶酒的持久性不太强，应该不会出自超一流的葡萄酒庄，应该不是产自村庄级葡萄酒庄或者普里尼葡萄酒庄。不过这种生动的清新感非常有魅力，可能是出自海拔较高的地区。但如果说是产自骑士蒙哈榭，矿物质风味又有些弱了。嗯……说不定并不是产自普里尼 - 蒙哈榭，而是与之相隔一条路的、山丘那边的、圣欧班的瑞米莉园。对了，这种味道我有印象，应该出自我喜欢的马克·柯林父子酒庄。虽然酸味很清澈，但是已经开始成熟，所以大概是 2014 年的"像这样缩小范围。如果刚开始的那一部分就判断错了，那后面就都错了。相反，如果进展顺利，就有可能找到正确答案。到最后就要凭直觉在几个选项中选出一个，但在此之前都是逻辑推理。

　　但是我所遇到的那 3 位盲品大师都并不需要进行推论，而是直接品尝后便立刻回答出："这是马克·柯林父子酒庄的巴德米默瑞米莉 2014。"其中一位意大利人曾被评为世界最优秀的侍酒师，我曾见过他仅闻了香味就能回答出"这是唐培里侬香槟王 2008"或者"这是滴金酒庄 1983"。

　　每次看他们试喝都让我想起绝对音感，拥有绝对音感的人能分辨出每个音在乐谱中的位置。无论是消防车的警笛声还是汽车的喇叭声，他们都能将其在乐谱中表现出来。只不过拥有绝对音感的人并不一定就是优秀的音乐家，相反有时候，这甚至会妨碍他们成为优秀的音乐家。

在盲品中猜中葡萄酒品种和品牌的才能就类似于绝对音感。品尝过一种葡萄酒之后并不是进行推论，而是直接从记忆中找出对应的品种和年份，就是这样的一种才能。所以，只要是他们喝过并留有印象的葡萄酒，就能一下说出它的品种。

拥有这种葡萄酒绝对音感的人在侍酒师大赛中是非常有优势的。不过还是那句话，他们并不一定能成为优秀的品酒师。品酒最重要的并不是要判断出葡萄酒的品种，而是要看你经过了怎样的逻辑推理得出了那个结果。逻辑推理的过程就是在大量的葡萄酒相关的信息中对号入座，这对于品酒来说非常重要。

葡萄酒的最适饮用温度是会变化的

喝葡萄酒时，总有人会提出一些强人所难的要求。比如，白葡萄酒的温度一定要是这样才可以，葡萄酒应该在室温下饮用，青涩的葡萄酒应该先醒酒，等等。

首先是喝葡萄酒的温度，《指南》中推荐的温度一般情况下起泡酒是 5～7℃，年份少的白葡萄酒是 6～9℃，风味成熟的白葡萄酒是 10～15℃，清淡型的红葡萄酒是 12～14℃，浓郁型的红葡萄酒是 16～20℃。但是这也跟个人喜好有关，同时会随着时代发展发生大幅度变化。直到 1980 年，大多数白葡萄酒都是工业制造的，新鲜又饱含水果香气，但是个性较弱。这种像清凉饮料一样的白葡萄酒冰镇后才更好喝，5℃左右也是可以的。因为如果温度再高，缺点就会变得明显。与之相比，勃艮第的白葡萄酒却要在 13℃以上，才会表现得比较优秀，口感也会更加丰富柔和。

当然，根据当天的心情和饮用方式不同，即使是相同的葡萄酒，自己觉得合适的饮用温度也会发生变化。如果是在炎炎夏日作为晚餐前的第一瓶葡萄酒，即便是勃艮第的白葡萄酒，也想将其温度降至8℃左右再喝。同样的葡萄酒如果是在香槟后与主食一起搭配饮用，可以将其温度控制在稍高的12℃左右。自己喝起来感觉最舒服的温度才是最适温度。

🍷 红葡萄酒要在室温下喝是过去的说法

现在，还有很多人认为红葡萄酒要在室温下喝。这个室温指的是古代欧洲石砌建筑的室温，即14～16℃。而现在我们习惯了舒适的暖气，室温通常都在22～25℃。所以现在还在室温下饮用的话，温度就有些高了，而且现在葡萄酒的风格也发生了变化。以前葡萄酒中大多都含有粗糙的单宁，这种葡萄酒如果在较低的温度下饮用，口感会比较涩，而现在都会等葡萄中的多酚完全成熟之后，才开始采收，酿造技术也在进步。即使是比较浓郁的红葡萄酒，单宁也会甜美又柔和。这样即使温度较低，口感也不会很涩，反而能保留生机勃勃的果香。

安杰罗·嘉雅偏爱相当低的温度，他所酿造的巴巴莱斯科是较为厚重的红葡萄酒，以单宁较强著称。据说，巴巴莱斯科最理想的饮用温度是16～20℃。之前，安杰罗也曾指定在16℃左右，但是他最近更喜欢13～14℃。他所酿造的巴巴莱斯科非常优雅，冷却到13℃左右，酒液中纤细的果香和清澈的酸味就会显现出来，魅力四射。单宁的成熟和平衡非常完美，所以口感不会发涩，反而丝滑，令人印象深刻。

现在的餐馆室温很高，稍微在酒杯里放一会，酒的温度就会上升到 18℃左右。如此一来，葡萄酒喝起来就会更丰满，更有包容感。温度低的时候，喝起来口感像丝绸；温度高的时候，口感像天鹅绒。在葡萄酒温度较低的时候开始醒酒，就能够体会到葡萄酒口感随着温度上升而发生变化的乐趣。

经常会有人讨论喝葡萄酒的最佳温度，在日本现在的室温下，酒杯和瓶中葡萄酒的温度一定会上升，所以最好在比以前更低的温度下开始醒酒。

🍷 享受倒入酒杯后的味道变化

我个人比较喜欢从相当低的温度下开始喝葡萄酒。我非常享受葡萄酒从较为封闭的状态到餐桌上华丽绽放的过程。即使不醒酒，只要开瓶，葡萄酒就会逐渐产生变化。我很享受吃饭时葡萄酒逐渐绽放魅力的过程。对我来说，最棒的感受就是当用餐结束时，所剩无几的葡萄酒也恰巧达到最完美的状态。这也只是个人喜好。

如果再让我写一个个人喜好，那就是比起一杯杯地尝试各种不同的葡萄酒，我更喜欢点一整瓶，踏踏实实地沉下心去品尝它。就像面对满桌的佳肴时，比起每道菜肴只尝一点点，我更喜欢认真品尝其中一道菜肴的感觉，而且我更喜欢看餐桌上摆放着葡萄酒瓶的样子。以前在意大利的一个乡村里，有一位老奶奶告诉我，即使不喝葡萄酒的时候，她也会把葡萄酒瓶放在餐桌上，因为放在餐桌上的葡萄酒是她与家人、朋友共同进餐、共度美好时光的象征。

坚持『幸福的』饮酒方式

有人会对别人喝葡萄酒的方式吹毛求疵。比如，"被倒在这样的杯子里，葡萄酒太可怜了""在这种温度下，葡萄酒会哭的"，等等。真是多管闲事！无论是什么样的酒杯、什么样的温度，只要喝的人满意就是最棒的。

以前拍摄以馥奇达为主题的电视节目时的经历让我至今记忆犹新。馥奇达是一款迷人的起泡酒，产自伊塞奥湖南部沿岸广阔的丘陵地带。伊塞奥湖是一个位于意大利北部阿尔卑斯山以南的美丽湖泊。它深受时尚的米兰人的喜爱，在日本也有超高的人气。

拍摄时，我们采访了夏季在馥奇达产地后方的阿尔卑斯山上牧牛，牧羊，生产牛奶、黄油和奶酪的家族。我们开着吉普车登上悬崖峭壁，吃到了在海拔 2000 多米的山上生产出的奶酪，非常好吃。

历时半天的拍摄结束后，他们在草原上摆出桌子，请我们吃了奶酪、黄油和面包。这个家族每年6—8月都待在高原上，到了冬天就会赶着牛羊回到村庄。夏天住的山中小屋里只有最低限度的生活用品，当然也没有酒杯。我们带来的馥奇达就被倒入了普通的、喝水用的杯子里，大家一起干杯了。虽然这是最不适合用来喝馥奇达的杯子，但对我来说却是感觉非常棒的，沐浴着清新的空气和澄澈的阳光，吹着阿尔卑斯山的清风喝下的馥奇达，是迄今为止我们喝过的最好喝的馥奇达。

虽然我之前说过我比较偏爱温度较低的红葡萄酒，但是至今仍觉得红葡萄酒就应该在室温下喝的人还是大有人在的。当跟他们说："把温度降下来一点。"他们会说："那怎么行？"我只能说："味道会变差也没有关系，就照我说的做吧。"他们才会勉为其难地遵从。这真是麻烦，让自己满足并且感到幸福的饮酒方式才是最重要的。

向美国前总统特朗普学习

有人说美国前总统特朗普是个味痴，因为他吃什么都要加番茄酱，就像吃什么都要加蛋黄酱的蛋黄酱爱好者一样。但是我觉得只要当事人觉得满足，随他去就好了。每个人对食物和饮料都有自己的喜好，只要自己觉得幸福就行了，其他人没有资格指指点点。

听说有的"暴发户"喝葡萄酒的方式非常过分，他们会在价值几十万日元一瓶的精致葡萄酒中加入冰块或者兑着可乐喝。虽然确实会觉得可惜了这么好的红葡萄酒，但是因为这是他本人花钱买的，我们也不能说什么。有人认为这对生产商来说，是非常失礼的行为。如果是这样，能由生产商来选择买家就万事大吉了。既然已经卖给了只要付出高价就可以出售给任何人的酒商，就没有理由再抱怨什么。

艺术也是一样的。喜欢艺术的人自然会通过自己喜欢的方式去欣赏艺术，谁也阻止不了。我经常在试喝葡萄酒的时候播放马勒的《第九交响曲》和勋伯格的《迷人的夜晚》，尽管有人会觉得在工作的时候听这种极具灵性的曲子是一种失礼的行为。

不管是艺术还是葡萄酒，在它们上市的瞬间就已经脱离了生产商和艺术家之手。它们只有在被消费的时候（葡萄酒是在被喝下的时候，艺术是在被欣赏的时候），才开始发挥它本来的作用。

在餐桌上，根据自己的风格搭配葡萄酒

有人会就菜肴和葡萄酒的搭配，滔滔不绝地阐述自己的观点。比如，"这瓶长相思清爽的青草气味与这份烟熏三文鱼非常搭配""这款蒙达奇诺的布鲁奈罗陈酿中散发出的腐叶土味与佛罗伦萨牛排搭配起来是再好不过的了"。虽然这偶尔也会让人觉得有趣，但是大部分还是很无聊的。这基本上都是当事人"如果是我，就会这么做"的主观想法，根本无法打动我。

葡萄酒和菜肴的搭配就像服装的搭配一样。服装搭配会有颜色、花纹的基本搭配规则作为参考，只要遵守规则就不会"错得离谱"，打破这些基本规则也完全没有问题。每个人都有各自的喜好，根据当天的心情来选择颜色的人也不少。也有人会根据"决胜之日穿红色""心情平静的日子穿蓝色"之类的规则，来决定当天衣服的颜色，关键就是要自己喜欢。有的人喜欢穿像沿街表演的广告宣传队一样奇怪至极的衣服，走在时尚潮流最前端的人就非常喜欢酷炫的衣服，这都是因人而异的。所以，当你对自己喜欢的颜色搭配滔滔不绝的时候，或许别人听来只会觉得无聊。

菜肴和葡萄酒的搭配也一样，味道浓郁的肉类菜肴应该搭配单宁强烈的葡萄酒（单宁可以分解脂类），加了奶油的鱼类菜肴应该搭配陈年的霞多丽（因为口感柔滑）。虽然是基础搭配，但是如果不合自己口味，可以完全忽略这一基本搭配。即便是同样的菜肴，如果当天心情不同，想要搭配的葡萄酒也不同。有时会想喝清爽的白葡萄酒，有时又会想喝浓郁的白葡萄酒，有时也会想要搭配红葡萄酒。比起基础搭配，还是更重视当天的心情比较好。

迷茫时，选择"八面玲珑"的葡萄酒

以前，欧洲人也会经常一大群人一起共进晚餐。基本上每餐都由 2～4 道菜构成，菜品很少，所以可以打开 2～4 瓶葡萄酒去搭配每一道菜。然而，日本的餐桌上会有很多道菜，日本人喜欢一点一点地品尝各种各样的东西。因为菜品数量繁多，所以想给每一道菜都搭配一种葡萄酒是不可能的，典型的例子就是寿司。如果去寿司店，一般的顾客会点 10～15 种寿司，像比目鱼应该配这种葡萄酒，斑鰶应该配这种，金枪鱼腹应该配这种，鲍鱼应该配这种，等等。这样下来，一顿饭要配 10～15 种红葡萄酒，是非常困难的，所以只能尽量选择和每道菜都很搭的葡萄酒。不管是怀石料理还是居酒屋，都能搭配的。

在欧洲，最近情侣单独出去吃饭的情况也增多了，他们基本上一餐只点一瓶葡萄酒就够了。虽然就菜肴和葡萄酒有许多很完美的搭配，但是在日常生活中，由于某种限制，我们又不得不做出妥协。从这个意义上讲，比起非常挑搭档的、个性较强的葡萄酒，可以搭配任何菜肴的"八面玲珑"的葡萄酒似乎更受欢迎，起泡酒也是因为可以搭配任何菜肴而人气高涨。如果一款葡萄酒与 A 菜肴的匹配度是满分 100 分，与 B 菜肴的匹配度是 50 分，与 C 菜肴的匹配度是 20 分，而另一款葡萄酒与 A、B、C 任意一道菜肴的匹配度都是 70 分，我觉得 70 分的葡萄酒更方便搭配。

享受化学反应

菜肴和葡萄酒的组合之所以有趣，是因为它们相遇后产生了化学反应，给人一种意想不到的感觉。例如，加入多蜜酱炖煮的牛脸颊肉搭配加利福尼亚州产的梅洛之类具有果香的葡萄酒，会使肉的甜味更加突出；而搭配像巴罗洛一样单宁和酸味都比较强的葡萄酒，则会衬托出肉味的浓烈。

同样，葡萄酒也会因为搭配的菜肴不同而呈现出各种风味。单宁较为强劲的波尔多葡萄酒（如圣埃斯泰夫）搭配简单的炭火烤牛排就能凸显出其浓郁的果香，而搭配像寿喜烧这类使用酱油制作的菜肴则会激发出它的泥土芳香。酒和食物的碰撞可以使它们平时被忽视的风味凸显出来，让人惊艳。

"近朱者赤"，遇到的对象不同，菜肴和葡萄酒也会呈现出各种不同的风味。人也一样，会随着遇到的朋友或搭档的不同而改变，会变好，也会变坏，会根据 TPO 的变化展现出不同的表情。

🍷 敢于尝试"不搭配"的葡萄酒

从这个意义上讲，"合得来"的组合固然有趣，但是相互碰撞使人注意到平时被忽略的一面的组合也非常有意思。

人们常说金枪鱼和勃艮第那样精致的红葡萄酒很配，可以说是"天造地设的一对"。20 年左右的陈年勃艮第白葡萄酒能更好地衬托出金枪鱼脂肪奶油般柔滑的口感；相反，如果喝的是烈性的红葡萄酒（例如，以桑娇维塞为主酿造的基安蒂红葡萄酒）就会激发出金枪鱼特有的香味。通过组合和邂逅，相同的食材也能给人留下不同的印象。

一般，不管是金枪鱼刺身还是金枪鱼寿司，我都会搭配山葵一起食用。从我很小的时候就开始这样搭配，它们简直就是"天造地设的一对"。最近，去一些比较有创意的店时，我会用芥末代替山葵，也很有意思。我个人认为，山葵可以衬托出高级的味道，而芥末能带来动感的味道，但这终究只是我的主观想法。不过，这也是一个由两种食物的相遇激发出的不同味道，从而给人留下不同印象的好例子。

执着于"天造地设的一对"的葡萄酒和食物的搭配而错过

邂逅的多样性，可就太可惜了。不要只考虑哪道菜和哪种酒最搭配，尝试各种各样的搭配，体会菜肴和葡萄酒的多面性也是很有意思的。两个人一起去餐馆吃饭，各自点了不同的菜肴，想要找到可以完美搭配每道菜的葡萄酒是不可能的。虽然必定会做出某种妥协，但就像前文所说的：这可能会成为一次有趣的经历，也可能会让你感动。

介绍朋友认识的时候，虽然觉得 A 和 B 的性格完全相反，好像绝对合不来，但实际上让他们见一面，说不定他们就会志趣相投，成为挚友。

所以我不太喜欢为了搭配葡萄酒而进行改动的菜肴。在吃旧世界葡萄酒产区以外的菜肴时，如日本菜或者中国菜，如果是和葡萄酒生产商一同就餐，就会有厨师非常好心地将菜肴制作得与葡萄酒更搭配。虽然非常感谢他能这么做，但是就我个人来说，我其实更希望能吃到厨师平常一直在做的、不考虑与葡萄酒搭配的菜肴，看它能与葡萄酒擦出怎样的火花。当普通的菜肴碰上葡萄酒，会有怎样的反应呢，又能激发出葡萄酒的哪一面，让我们注意到菜肴平时被忽略的哪一面呢？

♈ "得意脸"展示出的套餐搭配，其实很寒酸

有些人天真地认为葡萄酒产区的当地菜肴绝对和葡萄酒很配。其实，这是毫无依据的。托斯卡纳的菜肴就一定和桑娇维塞很配，勃艮第的菜肴就一定和勃艮第葡萄酒很配吗？当然，这是

在当地经过长年磨合发展起来的组合，"合得来"的地方或许有很多。不过，这些葡萄酒和其他地方的菜肴以及创意菜肴的组合也毫不逊色，甚至更加刺激。而且，如果认为当地菜肴要和当地的酒捆绑在一起，那么在日本岂不是没有必要喝葡萄酒，而喝当地的日本酒不就好了吗？

文化会因为相遇、冲突、融合而变得更加丰富多彩。如果要列举一些和葡萄酒很搭的菜肴，有些人会兴高采烈地列举一些日本人不知道的当地菜肴。我认为这是单一且浅薄的态度。另一种错误的态度是举出一些极端冷门的组合，然后露出一副"得意脸"，说一些"乍一看是不合适的组合，但是我硬是把他们组合在一起了"之类的话，玩起了"扭转术"。将相似的东西进行组合的搭配很绝妙，将相互排斥的东西组合在一起碰撞出美妙的火花也很有趣，但是在对葡萄酒没什么兴趣的普通顾客面前得意洋洋地展示这些，恐怕只是为了满足令人感到相当"不适"的自我表现欲罢了。

有一种叫"配对"的做法，就是给一整套菜肴中的每一道菜都配好相应的葡萄酒，装在酒杯中给客人端上桌。最近，提供这种服务的餐馆越来越多。这样就可以什么都不用考虑，只需专心享受侍酒师精心挑选出来的他认为最适合这道菜的葡萄酒。因为是根据套餐进行搭配，5 种搭配定价共 8000 日元，所以价格方面也不用担心，这是非常好的做法。不过美中不足的是，因为太过专注于葡萄酒，与其说是在享受吃饭的时间，不如说是在参加研讨会。

在餐馆也可以自由任性地品尝葡萄酒

　　总觉得只有在去餐馆的时候，才能想吃什么就吃什么、想喝什么就喝什么。但是有时也做不到，因为偶尔也会有需要克服的困难。大多数店家都是心怀善意的，他们会推荐很多自己觉得不错的菜品，但有时候也会造成困扰。

　　我在意大利做了 10 年有关餐馆的匿名调查工作，去过不少当地的餐馆。编写《葡萄酒指南》时，有着"如果是第一次介绍的餐馆，就介绍这家餐馆最具有代表性的菜谱""如果是已经介绍过好几次的餐馆，就要注意不要和去年的指南有过多重复"等必须遵守的规则，也不能一直吃自己喜欢的东西。这是工作，所以我也没有办法改变。

　　我一边注意遵守这些规则，一边不停地吃。在这过程中我意识到，主厨感到非常自豪的拿手菜，我不一定觉得好吃，反而是比较简单的菜肴更让我感动。我也有喜欢的食材和菜品，每天也会有不同的心情。比起主厨想让我吃的菜肴，还是吃到我当天想吃的东西，更能给予我满足感和幸福感。如果某天心情发生变化，也许主厨推荐的菜肴更适合当天的心情。如果我不想吃，再怎么向我推荐，我也不会接受。

🍷 不屈服于权威，即便是错误的，也不要放弃尝试

葡萄酒也是如此。根据当天的心情喝自己想喝的葡萄酒才是最好的，即使和当天的菜肴并不搭配，也完全不必介意。

我一年要去好几次法国。根据经验，法国 2 星、3 星的侍酒师很喜欢向别人推荐葡萄酒。这是一次难得的机会，我想喝在日本很难买到的、喜欢了很久的葡萄酒以及国内外价格差距很大的葡萄酒（在日本很贵，在法国没有那么贵），但是他们会说一些"这酒和你点的菜不搭""我更推荐这款酒"等固执己见的话。

以前，我是一个不会说"不"的日本人，也会听从别人的建议，但是过后自己一定会后悔。非常感谢你向我推荐了能够很好搭配这道菜的葡萄酒，但是我已经有想喝的葡萄酒了。不管它和这道菜多么不搭，当时想喝的葡萄酒才是最棒的。所以，从 20 年前开始，当我有想喝的葡萄酒时，就不会再听从任何建议，不管和菜品多么不搭，我都要喝自己想喝的那款葡萄酒。

只是他们也出于善意想要拼命地满足我们，所以很难对付。只要表现出一点点"是吗"这样的犹豫姿态，对方就会发起进攻，所以我会向他们展示出绝不妥协的坚决姿态。如果有人对我

说："这款葡萄酒和你点的菜不搭"，我就会明确地回答："即使不搭也没有任何问题，我现在就是想喝这款葡萄酒。"对方可能会不满地觉得"真是个奇怪的家伙"，但是只要一开始就展现出毫无妥协余地的姿态，对方就只能退却。最重要的是不留余地！

即使葡萄酒和菜肴并不能很好地搭配，我也已经非常满足了。如果没能喝到自己想喝的葡萄酒，应该会后悔的。当然，当你没有什么特别想喝的葡萄酒时，可能听从侍酒师的意见也是一个不错的选择，或者选择价格适中的葡萄酒。只不过如果有想喝的葡萄酒，为了不让自己后悔，就一定要喝到它。

只要是自己有着坚定信念和强烈欲望想做的事情，即便那是错误的，应该也能学到很多东西。这是能在我们之后的人生中派上用场的错误。相反，听从别人的意见，随波逐流地做出选择，其实最后什么也得不到。

搭配什么也要看自己心情

做菜也是一样，没有必要拘泥于没有意义的规则。法国菜肴在按照菜单点菜时，一般情况下都是前菜+主菜（+奶酪或者甜点），有些店的前菜非常诱人，有些店的主菜非常丰富。在这种情况下，你就可以毫不犹豫地点两道前菜或者两道主菜。只要说"因为它们都非常有魅力"，一般都会被正常提供服务。点了两道前菜的情况下，可以说："请在上主菜的时间点上菜"，这样就会加量按照主菜的规格制作这道前菜。

在意大利，旅行指南上会错误地写着"光吃意大利面是不行的"。但是这只是过去的说法，现在这样吃是完全没有问题的。即便是在以美味前菜而闻名的皮埃蒙特地区，很多时候也只吃 5～6 种前菜就结束了（当地人也是这样）。

总之，尊重"想吃"的心情比礼仪和知识更重要，毕竟是怀着期待的心情去的。

京都的一家怀石料理店的老板告诉我，有一位客人喜欢加利福尼亚州产区的浓郁型红葡萄酒，看他每次喝都很享受。虽然我认为这酒并不适合搭配京都菜饮用，但是只要当事人感到幸福，那就再好不过了。老板笑着说："只要客人满意，我们就没有任何意见。"确实是这么一回事。

对餐前酒的误解

　　年轻的时候，我去过一家有点情调的法国餐馆。在就座之前，有个人领我去了一个大厅一样的地方，毕恭毕敬地问我："请问您想要哪一种餐前酒？"不习惯这种场合的年轻人难免会战战兢兢。当我开始频繁地到欧洲出差，就开始逐渐意识到喝餐前酒并不需要什么特别的场合，在日本也只是很普通的场合。这就类似于在吃饭这个小型庆典之前做的准备体操，从工作时间转入用餐时间之前的休息时间。

　　如果说工作在19点告一段落，晚餐从20点半（欧洲时间）开始，就会有一个半小时的空闲时间。你可以先回一趟家，也可以加一个半小时的班，和朋友们聊着天一起喝上一杯也非常快乐，这就是餐前酒。这就好比有一个半小时的时间，所以和朋友们来到咖啡店一边聊天一边等待。唯一不同的是，因为有酒精饮料，所以会感觉更加放松。不管喝的是啤酒、鸡尾酒、雪利酒还是葡萄酒，什么都可以。如果是想装模作样耍个帅，香槟可能更加合适。下酒小菜就是花生、薯片、生火腿和小吃等小零食。毕竟马上就要吃晚饭了，要留着肚子吃更加美味的食物。

　　最重要的就是轻松融洽。从工作时"公"的时间逐渐转移至吃饭时"私"的时间的过程就是餐前酒。

🍷 上班族是餐前酒的常客

　　日本的上班族在下班后和同事一起到居酒屋小喝一杯的行为，也是一种很棒的餐前酒行为。在那里，他们也会谈论公司的工作或者抱怨一些事情，不过这和在公司工作时的"官方看法"或"客套话"不同，是敞开心扉吐露出的"真心话"。这就已经从"公"向"私"迈出了半步。有时候兴致来了还会再去第二家，然后才会拖拖拉拉地吃些类似于"晚饭"的东西，有时候也有"小喝两杯"就结束回家的情况。不是从"公"（即工作）直接转变为"私"（即家庭），而是设置了一个缓冲时间。

　　在日本也有推广餐前酒习惯的人，只不过他们没能成功。那是因为日本已经有了叫作"小喝两杯"的美妙餐前酒时间。如果想要提升葡萄酒的销量，与其导入一些来自西方的陌生习惯，还不如努力让自己能在居酒屋喝上葡萄酒来得明智。

🍷 餐前酒是切换状态的开关

　　如果说餐前酒的意义就是切换状态的缓冲时间，那么喝什么就不再重要，在哪里喝、怎么喝也不重要。一边准备晚餐，一边喝上一杯，也是一种不错的餐前酒行为。煮东西之前切好肉和蔬菜，翻炒后在锅中加入葡萄酒，再转为小火；然后，只需要等待一个小时。又想做一碟在主菜前吃的简单前菜，不过在那之前还是先喝一杯吧。冰箱里有冰镇的白葡萄酒，拔下它的瓶塞，倒入酒杯喝上一口。不由自主地"呼—"了一声，放松了肩膀，感觉一天的辛苦都得到了回报。剩下的工作明天再考虑，一边吃饭一边恢复精神吧，明天会有明天的清风拂面。这也是一种餐前酒行为。

许久不见的朋友们聚在一起总会有很多的话要说。在开始吃饭之前，他们讨论近况，更新信息，整合所有人的信息。他们在大厅一边喝酒一边聊天，待了将近一小时，才向餐桌走去，这也是一种餐前酒行为。

我有喜欢的餐馆就会拉上朋友一起过去。如果是法国比较好的店，在大厅就会有人问我需不需要餐前酒。我一般都会拒绝，因为我是为了去那家好评如潮的餐馆吃饭，才开了很久的车过来的。目的既不是和朋友见面（已经在车里和朋友充分聊过了），也不是度过快乐时光（虽然从结果上来说，也确实是一段快乐时光），而是为了吃到好吃的菜肴，没有必要切换状态。不仅如此，我的内心频道早已进入了"我现在就要吃饭"的模式。在这种状态下，餐前酒则是无用之物。无论做什么事，最重要的不是形式，而是精神。

葡萄酒的最佳饮用期

在葡萄酒研讨会上，总会有人提出这样的问题："这款葡萄酒的最佳饮用期是什么时候？"这个问题很难回答，因为这完全取决于个人喜好。

讨论葡萄酒最佳饮用期的依据是单宁较强的葡萄酒在其年轻的时候喝起来口感发涩，一点都不好喝；但是葡萄酒经过陈酿之后，香气就变得复杂而有魅力，口感也变得更加柔和。确实，以前的葡萄酒大多单宁含量高，年轻时一点都不好喝。但幸运的是，随着酿酒技术的不断进步，现在基本上要等到葡萄完全成熟后，才能采收，那种青涩的、未成熟的葡萄酒几乎已经找不到了。因此，像波尔多和巴罗洛这样具有长期陈酿潜力的葡萄酒，一开始喝起来也相当好喝。

所以葡萄酒的最佳饮用期取决于喝的人喜欢什么样的葡萄酒，通常会因人而异。

饮用时间不同，葡萄酒的味道也会变化

刚上市的勃艮第白葡萄酒，酸味强烈，矿物味明显，整体充满活力，这样也是非常好喝的；陈酿 10 年左右，它的香气就会变得复杂，酸和矿物味逐渐沉淀，口感也变得醇香柔和；陈酿 20 年左右，它会产生蜂蜜和火石的气味，香气变得更加复杂。并不是所有人都喜欢这种陈年的香气，因为在它未成熟时的纯净果香（青苹果等）已经完全消失，所以喜欢那种香气的人就会觉得"还是未成熟的时候更好喝"。陈年的口感变得更加柔滑，舌头好像被天鹅绒包裹。喜欢陈年葡萄酒的人会对这种口感欲罢不能，不喜欢的人或许根本无法接受。

波尔多的红葡萄酒（特别是左岸的葡萄酒）在其未陈酿的时候口感清新，即使一上市就打开饮用也非常好喝。未陈酿的红葡萄酒果香浓郁、口感清新、单宁强劲，搭配炭火烤肉享用会非常美味。波尔多一流葡萄酒庄酿造的新酒气势磅礴，一般经过 20 年左右的陈酿，葡萄酒中的单宁会变得厚重，但仍然会保留一丝青涩，往往给人一种清新之感。当然，香气和味道也变得复杂，但是与白葡萄酒相比，已经是非常平和的变化了。

波尔多葡萄酒需要陈酿 30 年以上才能成熟，经过时间的沉淀，香气和味道变得更加复杂，但其惊人之处在于完全不失清新的风味。年轻时，被认为是缺点的青涩单宁过了 30 年终于活了

过来，带有薄荷的清新，充满魅力又不失年轻。我喜欢 30 年以上的陈年波尔多葡萄酒，但并不是每个人都会喜欢，喜欢年轻的波尔多葡萄酒的人也不少。

🍷 葡萄酒也有各自的"黄金年龄"

"你在几岁的时候最有魅力？"这样的问题可能会让人感觉被冒犯。仔细想想，人年轻时很有魅力，上了年纪也很有魅力。葡萄酒也是一样，每个年龄都有自己的魅力。相反，像有些明星虽然长着一张可爱的脸，却没有相称的内在，会随着年龄的增长而姿色不再。葡萄酒也有年轻时果香浓郁、魅力十足，成熟后就"枯萎"了的。

另外，有些葡萄酒在年轻时较为青涩，但在陈年时极具吸引力，就像某些实力派演员年轻时演技僵硬，成熟后却散发魅力，所以不能说哪个阶段是最佳时期。也有人觉得粗糙强劲的年轻葡萄酒很有魅力。

但是可以肯定的是，好的葡萄酒无论是年轻，还是成熟，都很好喝。《罗马假日》中纯真的奥黛丽·赫本非常迷人，《蒂凡尼的早餐》和《谜中谜》中优雅的奥黛丽·赫本也很有魅力。《阳光普照》中光芒四射的阿兰·德龙很吸引人，其在《仁义》和《刺杀托洛茨基》中的成熟感也让人十分欣赏。很难说什么时候是"最佳时期"。

奶酪也一样。有人喜欢食用年轻、新鲜的奶酪，也有人喜欢熟透到溶化得没有形状的奶酪。像帕玛森干酪这样的硬奶酪，发酵时间越长，处理起来自然会更加麻烦，所以价格也会更高，但这并不代表其风味就会更好。比起发酵 36 个月风味过于凝缩的奶酪，我个人还是更喜欢味道更加平衡的、发酵 24 个月的奶酪。

🍷 生产商推荐饮用的时期

访问葡萄酒庄的时候，他们经常会让我品尝陈年佳酿。历经 50 年的岁月，葡萄酒大多已经氧化，但即便如此，还是会让人想起那个充满魅力的时代。这时候经常会有人说："考虑到已经过去 50 年了，还真是稳定啊。"它确实还没有完全氧化，甚至还残留着"它确实还没有完全氧化，甚至依然充满魅力"的余味。但从消费者的角度来看，"考虑到已经过去 50 年了，确实很稳定"是没有意义的。"有些东西等待了 50 年，比 20 年、30 年时更好了，比年轻时更复杂，更有魅力。"这样的长期陈酿才有意义，否则就不要等了，在其青涩年轻的时候喝掉就好了。

在勃艮第的沃恩罗曼尼村，有一个叫安格奥斯的酿酒师。她酿造的葡萄酒香气清新、锐利、鲜明，我非常喜欢。每年我都会去拜访她一次，品尝她酿造的葡萄酒。她的葡萄酒还未陈酿的时候就很好喝，而且陈酿几十年还能保持清新的口感。在我看来，特别是李奇堡等葡萄酒，要经过 20 年的陈酿才能散发出自己的魅力。然而让我惊讶的是，和她聊天时，她告诉我她认为自己酿造的葡萄酒 10 年左右喝完比较好，她喜欢青涩的、年轻的葡萄酒。也就是说，酿造出具有卓越陈酿潜力葡萄酒的酿酒师不太喜欢陈年的葡萄酒。所以，关于葡萄酒的饮用时间，真的是因人而异。

建议在家喝的葡萄酒

在华丽的餐馆接受完美服务的同时享用葡萄酒固然不错，但基本上我更喜欢在家里喝普通的葡萄酒。一边吃坚果或奶酪，一边喝起泡酒或白葡萄酒，接着再喝红葡萄酒，当然有时也只喝白葡萄酒。一边和家人聊着当天发生的事、想到的事、下周的计划等，一边享用美酒和美食。在最放松的时刻，孕育走向明天的活力。

经常有人问我"什么样的葡萄酒适合日本的餐桌"，其实，只要喝自己喜欢的、当时想喝的葡萄酒就可以了。正如我在餐前酒中提到的，重要的不是喝什么，而是放松心情，消除一天的疲惫，激发面对明天的热情。如果有自己喜欢的葡萄酒，就会更有力量。即使不是喜欢的葡萄酒，吃饭的时候开心就好。

家也是可以毫无顾忌地尝试各种葡萄酒的地方，因为是自己去买葡萄酒，所以没有必要担心价格，选择适合自己钱包的葡萄酒就可以了。

　　因为工作的关系，有时我白天必须品尝很多葡萄酒，晚上再喝上一杯也很开心，与工作中品酒时不同，因为心情放松，即使多少有些缺点，也可以原谅。因为可以抛开利害关系，以纯粹的好奇心去接触葡萄酒，所以很开心。没有必要用葡萄酒来搭配特别的菜肴，平常吃的东西就足够了。如果觉得不够，就从冰箱里拿出奶酪，作为搭配。

　　我在很多地方喝过葡萄酒，自己家、朋友家、街边的意式餐馆、小酒馆、餐馆、寿司店、居酒屋、飞机上等，数不胜数。我总是在重复同样的事情：舒缓紧张和惊喜的第一口、慢慢放松的时间、愉快度过的时光、惬意满足的饭后倦怠感。比起葡萄酒，那些快乐时光更让我印象深刻。虽然也有以葡萄酒为主角的晚餐，却意外地没有给我留下很深刻的印象。或许对我来说，葡萄酒还是给我带来丰富幸福时光的珍贵配角。

第 **3** 章

邂逅珍藏的
那一瓶

了解自己的喜好

　　经常有人问我："您有可以推荐的葡萄酒吗？"老实说，他们的心情我非常理解，但要说推荐葡萄酒，那真是太难了。就如同有人问："您有可以推荐的餐馆吗？"究其原因，在于对葡萄酒和餐馆的选择很大程度上取决于个人的喜好。

　　如果我们向喜欢纤细优美的勃艮第葡萄酒的人推荐加利福尼亚州产的浓郁的葡萄酒，恐怕有点事与愿违。如果我们向喜欢清淡口味的人推荐一家菜肴味道浓重的餐馆，想必人家也不会喜欢的。因此，我们要反复询问别人："到目前为止，你有没有喜欢的葡萄酒，有没有喜欢的餐馆？"要向别人推荐葡萄酒和餐馆，就要了解别人的喜好，这比什么都重要。

　　同样的道理，如果你要寻找喜欢的葡萄酒，首先你必须要了解自己的喜好。为了了解自己的喜好，虽然一开始需要尝试几款葡萄酒，但没必要喝那么昂贵的葡萄酒，就像你刚开始学习小提琴的时候，没必要使用昂贵的斯特拉底瓦里，不如用价格便宜的葡萄酒，去尽可能地尝试不同种类的葡萄酒。

现在不管是在超市，还是在便利店，都能很容易地买到葡萄酒，而且通过网络购买也非常方便，购买的葡萄酒上都会附有"风格清新""果香浓郁""口感清爽"之类的说明。如果你经过多方尝试，找到了自己喜欢的葡萄酒，那我推荐你先饮用它。

最简单的葡萄酒挑选方法

挑选葡萄酒时，最简单的方法就是通过品种去挑选。如刚才所说，在酒标上写着品种名的葡萄酒大多都来自新世界国家（主要是美洲）。只要把品种名标记在酒标上，消费者就会对该品种葡萄酒的香气和口感有所期待；相反，消费者则会失望。

如果你被长相思的香气所吸引，最好把各个产区的长相思都品尝一遍。这样一旦你沉溺于长相思，即使你事先不知道品种名，也能很快分辨出它就是长相思。当你下次品尝长相思的时候，如果你喝的葡萄酒（如法国的桑赛尔白葡萄酒或波尔多白葡萄酒[1]）在酒标上没有标品种名，你也可以感受到它和你之前喝过的长相思之间的微妙差别。这就是葡萄酒产区的特点。

在欧洲人看来，桑赛尔和波尔多作为葡萄酒产区的特点远比长相思这一葡萄酒品种的特点重要。因此，即便同为长相思，桑

---

① 译者注：法国的桑赛尔和波尔多都是有名的长相思产区。

赛尔和波尔多的口感也有天壤之别。如果你喜欢桑赛尔产区，可以尝试在卢瓦尔河对岸酿造的普伊·富美葡萄酒。即使100%同为长相思，桑赛尔口感清爽，而普伊·富美则口感柔和。这就是土地给予葡萄酒的影响。如果你感觉自己和卢瓦尔产区的葡萄酒情投意合，不妨也尝试一下这里的红葡萄酒。重要的是，你要敢于做各种尝试。

重视"一见钟情"

买衣服的时候，没有人会先进行系统学习后再购买吧。如果你在橱窗或者商店里第一眼就喜欢上了一件衣服，那就买下它。这就是"一见钟情"，你要重视这种感觉。人生中很多重要的事情，实际上也是凭借"一见钟情"决定的。"一见钟情"的感觉会随着时间不断得到锻炼，一开始或许会出现偏颇，但经过反复失败、反复锻炼之后，的确会有进步。

外表也很重要，人们常说："不要只看外表，要捕捉其内在品质。"可见，外表和内在之间有深刻的关联。对于葡萄酒来说，酒标就是其外表，因为在酒标上需要记载关于葡萄酒的必要信息。虽然这些信息受法律所制约，但关于标签的设计、颜色、形状等却都是由生产商决定的。因此，我们只要看标签，就可以知道生产商的性格以及他想要酿造什么样的葡萄酒。

如果这是一款现代化设计、颜色明快、大方脱俗的酒标，那么我们就可以推测其生产商极具现代感，葡萄酒的风格也很现代，而且果香纯净、味道清新。如果这是一款在波尔多或皮埃蒙产区常见的、超级传统的、自 19 世纪以来就没有任何改变的酒标，那么我们就可以推测其生产商是一位传统主义者，而且遵循古法酿制，与其说他的葡萄酒带有鲜艳华美的果香，倒不如说稍微有点质朴，但风味浓郁。

通过一个人的外表，我们可以了解这个人的价值观及其人生态度。通过酒标，我们可以了解葡萄酒的风格。

在职业棒球的历史上，长嶋茂雄可以说是最让人印象深刻的选手。他的击球理论有"要重重击打轻快而来的球""打曲线球的时候要使劲蓄力""当球拐弯的时候，用力击打"。虽然这些理论最初都是凭直觉得出的，但之后他却成就了一个比任何理论派都让人记忆深刻的胜负场面。可见，不断磨炼的直觉是可以战胜理论的。

🍷 培养"欣赏葡萄酒的眼光"

如果一个餐馆的匿名调查员 10 多年来持续对同一地方的多家餐馆进行调研，那么他即使只看装修，也会知道这家餐馆提供什么样的菜肴。木门、木桌子、木椅子让人感觉温暖，砖墙和天花板给人一种时代感，仔细打扫过的店铺让人觉得很干净，暖炉里的火在燃烧给人一种古朴的感觉，这样的店铺虽然看上去很简朴，但却可以为我们提供当地的地道美食。现代化的玻璃门，统一的白色装修，阳光洒落、锃光瓦亮，没有多余的内部装饰，只有两幅现代美术绘画，这样的店铺给人满满的现代感，可以让人享用到极为考究的现代美食。

一旦练就了凭外观和直觉判断店铺的本领，即使去了一个陌生的地方，在毫无准备的情况下，也不会错过享用美食的机会。或许你认为这很难，但在我们的生活中却极为普通。

从小开始，在成长的路上，我们会遇到很多的人，在不断经历失败后，我们也可以慢慢地洞察人心。因此，即使是第一次见面的人，我们也可以判断出这个人"给人感觉不错"或者"让人不舒服"。我们可以通过这个人的外表、服装、说话的方式、眼睛的转动、声音的音调等抓住他的内在品质。之所以会有这样的判断，主要取决于它是否合乎自己的喜好或价值标准。对我来说"感觉不错的人"，对 A 来说或许是个"感觉不好的人"；对我来说"让人不舒服的人"，说不定对 A 来说是个"非常出色的人"。

对于葡萄酒的判断亦是如此，让我感动流泪的葡萄酒，或许对 A 来说只是口味淡一点而已。重要的是要不断积累经验，养成看透事物本质的能力。这样你可以一眼就看透它是否符合你的喜好，这才是你独一无二的能力。

舍弃所谓的葡萄酒礼仪，大胆地端起酒杯

谁都讨厌麻烦的事情，况且葡萄酒只是消磨时光，而非提升自己的工具。生活中有些人想了解葡萄酒，却不想去做麻烦的事情，不想去花费时间，只是想简单了解。因此，市面上出现了很多诸如《5分钟了解葡萄酒》《100瓶了解香槟》之类的书籍。对于刚开始喝葡萄酒的人来说，这些书一定很有帮助。不过，被简单了解的终归只是简单的事情，这一点自然不必多说，毕竟5分钟的时间是很难了解其复杂多样性的。如果我们把"葡萄酒"换成"人生"，你就会明白了，假如有《5分钟了解人生》《100本了解幸福的生活》之类的书，你会相信吗？

不过没必要担心，毕竟享用葡萄酒，没必要了解透彻葡萄酒，这和要过得幸福没必要看懂人生是一样的道理。虽然每个人都想要有一个幸福的人生，但却很少有人会为了了解"何谓人生"而翻阅哲学书籍。要享受人生，首先就要"走向街道"体验

真正的人生百态。要享用葡萄酒，也是如此。比起"要了解葡萄酒"，不如先品尝自己喜欢的葡萄酒。人生也是这样，人生中也有失败，但正是有了失败，才养成了下次不再失败的"感受直觉的能力"。

如果你只是想品尝好喝的葡萄酒，冷不丁地从价格昂贵的葡萄酒开始品尝是不明智的。葡萄酒的口味多种多样，从价格便宜的葡萄酒开始品尝，并从中选择几款自己喜欢的，这是非常明智的。

葡萄酒毕竟是一种嗜好品，虽然有些葡萄酒在品鉴书或杂志中有很高的评价，但未必符合自己的喜好。当你遇到自己认为好喝的葡萄酒时，要多尝试几款与之相似的葡萄酒。如果你喜欢勃艮第的葡萄酒，那请你暂时不要理睬其他产区的葡萄酒，只喝勃艮第的葡萄酒便好。当然，如果你认为波尔多的葡萄酒好，就只喝波尔多的。

如果你想尝试稍微好点的葡萄酒，你可以稍微提高价格区间，但如果你提高了价格区间却没有找到与之相匹配的品质，你应该回到你最初定的价格区间。对你来说，现在价格区间的葡萄酒就是铭刻在你内心的葡萄酒，持续不断地饮用同一类型的葡萄酒，就会形成你自己味觉的标准。如果你把它作为品尝葡萄酒的试金石，在喝其他产区的葡萄酒时，自然会轻而易举地捕捉到其特点。这和在餐馆吃饭是同样的道理，如果有一家你自己喜欢的寿司店，你肯定会在一段时间内不断地去这家店。此时，你就有了自己的寿司标准。当你去其他寿司店的时候，可以很快地找出差别，捕捉到每家寿司店的特色，也很容易给出定位。

现在到处都有充满魅力的葡萄酒或餐馆，你肯定无论如何都想去尝试一下。如果你被这样的诱惑所驱使，在你自己的标准尚未确立之前到处偷嘴，到头来恐怕只是你自己的浅薄见解罢了。

如果你一直喝同一产区或者同一类型的葡萄酒，你多少会有些厌烦。此时，你不妨尝试下其他产区或其他类型的葡萄酒，从中找到适合自己的一款，暂且饮用一段时间比较好。由于葡萄酒各种各样，所以会有人想了解全部的葡萄酒。一旦有了这样强烈的念头，他就会按顺序品尝有名的葡萄酒。当然，在我看来，只有在品尝的瞬间深入挖掘适合自己味觉的葡萄酒，才是最有意义的。

具有超凡魅力的生产商

　　品种和土地之于葡萄酒，就如同乐谱之于音乐和演出剧目之于歌舞伎或歌剧，都是已经存在的东西，无法更改，但是演奏家、演员、歌手却可以给音乐或演出注入新的气息。

　　诸如莫扎特的《第 40 交响曲》、贝多芬的《第三交响曲》《第五交响曲》《第七交响曲》《第九交响曲》、歌舞伎《假名手本忠臣藏》、歌剧《费加罗的婚礼》《椿姬》这些经典的曲目或剧目，无论谁演奏、谁演出，都会获得成功。同样，作为葡萄酒产区，勃艮第的蒙哈榭和大依瑟索葡萄园、皮埃蒙特的卡努比葡萄园是非常有名的。这些演出的剧目或者葡萄酒产区都是非常出色的，即使演出的剧目、酿造的葡萄酒不是一流的，但很少有偏差。如果演出的剧目或者葡萄酒产区是二流的，那么演出者或酿酒师就必须提高自己的技能，才能让演出的剧目或酿造的葡萄酒变得更好。毕竟，如果二流产区的葡萄由二流酿酒师酿造，肯定会生产出二流的葡萄酒。不过，如果二流的歌剧由卡拉斯演唱，还是值得一听的。当然，如果二流产区的葡萄由弗朗索瓦·科奇酿造，也是值得品尝的。

如果有自己喜欢的演员或者歌手演出，不管演出什么剧目，都会觉得很好。对我来说，只要是米开朗杰利的演出，不管他弹奏的是什么，我都是会去听的。所以，肯定会有人认为，不管葡萄的产区在哪儿，只要是亨利·贾叶酿造的葡萄酒，就是美味的。

🍷 品种、产地还是酿酒师

众所周知，歌剧或歌舞伎与演员之间、歌手与演出剧目之间是需要相互投缘的。因此，在我看来，葡萄酒产区和酿酒师的风格相一致，也是非常重要的。

我非常喜欢木尼艾这样的酿酒师，我觉得他极其纤细的风格与上等的香波 – 慕西尼产区非常匹配，却不适合能够生产出浓郁葡萄酒的科尔登产区（实际上从未生产过）。当然，如果出演《奥赛罗》这样戏剧风格的作品，没有人比马里奥·德尔·莫纳科更适合，但我觉得他却不适合出演《艺术家的生涯》中的鲁道夫一角。英武的德尔·莫纳科不适合可悲的、充满幻想的波希米亚人。但换作葡萄酒，任何对象都是可以的。如果你喜欢某个品种或者某个产区，你可以去尝试这个品种或者这个产区的任何一位酿酒师的作品。当然，如果你喜欢某位酿酒师的风格，你也可以尝试这个酿酒师所酿造的任何一款葡萄酒。只要你感兴趣并享受其中，品种如何，产区如何，酿酒师是谁？都无所谓。

最后再说一句，其实在哪个剧场观看歌剧或歌舞伎是非常重要的。在我看来，斯卡拉歌剧场和南座剧场①是最让我兴奋的剧场。葡萄酒亦是如此，如果有与之相匹配的舞台（让人感到幸福的餐桌或餐馆），那就再好不过了。

_____

① 译者注：南座是位于京都市四条的歌舞伎剧场，是京都现存最古老的剧场。该剧场正式名称为京都四条南座，建于 17 世纪初，是歌舞伎的发祥地之一，1996 年被指定为国家级文化财产，距今已有 400 多年的历史。

享受自己喜好的变化

我们小时候吃饭的时候，经常被大人说："不要挑食。"的确，从营养学的角度看，把所有的食材全部都品尝一遍，是非常重要的。可是如果是葡萄酒，我还是希望你可以好好地说出自己到底喜欢还是不喜欢。毕竟葡萄酒是嗜好品，自己喜欢才是最重要的。即使你花钱（说不定花高价）买来了获得盛赞的葡萄酒，但你不喜欢，也不要勉强自己去喝。

当你和来日本的生产商一起吃晚饭的时候，大家围着饭桌坐在一起，突然有人问道："今天喝的 5 款葡萄酒中，你们最喜欢哪一款？"此时完全可以看出大家的喜好。其实，没有一款葡萄酒是大家都喜欢的。可见，这样的问题没有正确答案。

很多人都是在邂逅了富有魅力的葡萄酒之后，一下子喜欢上它并开始饮用的。其中，有波尔多产区的葡萄酒，当然也有勃艮第产区的葡萄酒。此时你的味觉和你的喜好不能相提并论，喜欢优美的果酸味葡萄酒的人，恐怕会被勃艮第的白葡萄酒或香槟的魅力所吸引；喜欢浓郁果香型葡萄酒的人，也许会喜欢加利福尼亚州产区的葡萄酒，也许还有人会喜欢带有一丝甜味的德国葡萄酒。可见，每个人都有自己的喜好。

人的喜好会随着时间的推移发生很大的变化。比如，有的人不喜欢波尔多产区的一款由深紫色富含单宁的葡萄所酿制的葡萄酒，但当他们知道随着葡萄的成熟，其口味会变得优美清新之后，便喜欢上了它。比如，有的人之前不喜欢勃艮第产区的红葡萄酒，认为它口感偏硬，但随着时间的推移，也会被它纤细淡雅的口味所折服。再比如，有的人不喜欢巴罗洛葡萄酒，认为它口味偏酸发涩，但也会被它高贵的香气所吸引。

其实，在喝葡萄酒的过程中，人的喜好就发生了变化，重要的是，要自然地表现这种变化，而不是去勉强它。如果你不喜欢富含单宁的波尔多葡萄酒，即使它再名贵，都不会打动你，只会浪费你的钱。现在你要做的就是喝自己喜欢喝的葡萄酒，暂时忘记波尔多的烦恼吧！或许在不知不觉中，你的味觉发生了变化，你会喜欢上波尔多的葡萄酒呢，说不定到时你要一口气挑战你喜欢的波尔多哟，而且你一生都会喜欢波尔多呢。

即使你勉强自己喜欢本来不喜欢的东西，恐怕也不会有什么奇迹发生，音乐、小说、绘画都是如此。或许你年轻时候读过的小说完全没有让你感动，但当你突然间重新阅读，反而会带给你深深的感动，这说明触动自己心弦的东西发生了变化。音乐也是这样，可能你在年轻时完全不理解的一首曲子，时隔好久再去聆听，也许会让你铭刻于心。看起来或许有些迂回，不过你只要耐心等待与对方的重新相遇就好了。

感觉不会背叛自己

　　即使有名气的葡萄酒，也不是所有人都喜欢喝。每个人都有自己的喜好，虽说你喜欢罗曼尼康帝，但未必会喜欢拉菲古堡，说不定还会讨厌哈兰红葡萄酒。

　　当然，有人喜欢莫扎特，就有人讨厌贝多芬。大多数情况下，喜欢与不喜欢是没有理由的。我喜欢意大利的电影，特别喜欢的导演是卢奇诺·维斯康蒂和米开朗基罗·安东尼奥尼。另外，我还看过费德里科·费里尼导演的所有作品，其中非常喜欢《甜蜜生活》，看过很多遍。我认为他是一个拥有卓越才能的巨匠，但在我看来，他并不像维斯康蒂和安东尼奥尼那样，可以打动我。我也说不清喜欢他的具体理由，或许就是凭感觉吧。

　　每个人都有自己喜欢的小说家、音乐家，但很多人却不知道自己为什么喜欢他们。比起披头士乐队，或许你更喜欢滚石乐队；比起三岛由纪夫，或许你更喜欢川端康成。只有喜欢，才是最重要的。只要不是文学研究者，没有必要勉强自己阅读不符合自己喜好的作品，只要好好享受自己喜欢的作品就好了。菜肴也是相同的道理。即使很多店铺获得了 3 星餐馆的盛赞，但对我来说，如果他们无法提供与之相符的美食，依然会觉得毫无魅力。一些无名的餐馆物美价廉，也会带给我感动。葡萄酒也是如此，喜欢是非常重要的。有的人"还不太了解勃艮第的魅力"，有的人"不喜欢巴罗洛"，他们或许还在为此感到烦忧，但既然不喜欢勃艮第或巴罗洛，就没有必要品尝，只要去品尝让自己瞬间心动并符合自己感觉的葡萄酒就好了。

　　当然，人的喜好会时刻变化，只喝波尔多葡萄酒的人，也会突然喜欢上勃艮第葡萄酒。我们有时候会遇到这样的问题："这是好的葡萄酒吗？"其实，重要的不是葡萄酒"好或不好"，而在于你"喜欢还是不喜欢"。

邂逅葡萄酒的『联谊会』

在联谊会上，男女双方的人数一般是相等的。与 1 对 1 的单独约会相比，联谊会有两个好处：其一是在联谊会上可以与其他人做比较，如果是 1 对 1 的约会，你能判断的只有一个人，但如果是联谊会，你可以比较其他参加的男女，能更好地判断出他们的魅力和个性；其二就是可以看出对方在小组中承担的职责，通过观察对方小组的情况，你可以很好地搞清楚对方是跟随朋友来的、是小组中的组织者还是每次联谊会的"倒霉蛋"。

葡萄酒也是这样，只有 1 瓶葡萄酒的时候，我们会想当然地判断自己是否喜欢这瓶酒。目前，我们有葡萄酒会这样一个饮酒聚会的组织，大家每次可以确定聚会的主题和葡萄酒的瓶数。比如，今天喝波尔多 2015 年份葡萄酒 7 瓶，或今天喝西西里岛的黑珍珠葡萄酒 8 瓶。一个人一次喝好几瓶葡萄酒是比较困难的，但 10 个人聚在一起，通过均摊费用的形式，完全可以一次试喝

8 种左右的葡萄酒。葡萄酒会就是葡萄酒的"联谊会"，好处是可以比较不同种类的葡萄酒。大家在葡萄酒会上把相同产地、相同年份的葡萄酒聚在一起喝，自然就可以比较出酿酒师的风格和酿造技术的优劣。

同样是霞多丽葡萄酿造的白葡萄酒，如果你试喝勃艮第、意大利、加利福尼亚、智利、南非等不同产区的，很容易就会掌握这些产区的个性。如果我们把同一个酿酒师（如阿曼·卢梭）在同一个村庄（如勃艮第的热夫雷香贝丹村）的不同产地所酿造的葡萄酒摆放在一起，就会找到这个村庄中各个葡萄酒产地的特点（口感柔和、口感强劲、口感清新、果香浓郁等）。通过比较，我们可以很容易发现它们的品质。

即使无法确定葡萄酒会的主题，也完全没有问题。如果有 6 位朋友聚在一起，规定 1 瓶酒 2000 日元，让大家分别去超市或便利店购买自己感兴趣的葡萄酒，再各自凑在一起试喝就好了。这样你就会发现自己是喜欢白葡萄酒还是红葡萄酒、是清新型的还是果香型的、是单宁强的还是弱的。如此重复几次，就可以了解自己的喜好了。联谊会也是这样，多参加几次，你不仅可以发现自己喜欢的类型，或许还能邂逅自己喜欢的异性。

如果想马上就喝，就选便宜的

　　我做了 10 年《葡萄酒指南》的品酒师，每年新葡萄酒发售之前我都要试喝，至今已经有上千种了。判断新品葡萄酒的真实价值非常困难，就如同我们根据原石判断它会成为什么样的宝石，根据幼儿园的小朋友想象他们将来会成为什么样的人。

　　每次判断新品葡萄酒的时候，我的脑海中总会浮现高中棒球少年们的身影。活跃在甲子园的这些选手，与其说他们将来未必会成为一流的职业棒球选手，还不如说这对他们中的很多人来说是不可能的，毕竟这取决于选手的潜力及其成长的空间。这主要是因为完成甲子园阶段比赛的投球手们，很多都没有成长进步。让人不可思议的是，他们明明在高中生时就有很好的投球技术，通过变化球玩弄击球手，被称为"技巧派"。即便如此，他们中的很多人也没有成长进步。另外，因为快球需要很快的投球速度，这些质朴的、技术尚未稳定的投球手如果能成为职业选手，成长进步的空间会很大。变化球可以后天学习，直线球不是单纯靠速度就可以的。同样，在判断新品葡萄酒的时候，不仅要判断它"现在如何"，还要判断它"将来有多大的成长空间"。这一点非常重要。

关于浓郁型葡萄酒，我们很难从其新品中看出产区优势。有时候，产区稍差的葡萄酒反而让人感觉比最上等产区的葡萄酒更好喝。现在浮现在我脑海中的是勃艮第的杜加和皮埃蒙特的罗伯特·沃奇奥。他们酿造的顶级葡萄酒有一种收敛感，即使是新品葡萄酒也会让人觉得很美味，却又很难猜透其复杂程度和品质。相比之下，便宜的新品葡萄酒却能魅力满满。

当然，5 ~ 10 年之后，顶级葡萄酒开始发挥其真正价值，而便宜的葡萄酒却逐渐衰退。因此，顶级葡萄酒配得上其昂贵的价格。不过如果你现在马上想喝，比起昂贵的葡萄酒，还是建议选择便宜的。毕竟现阶段获得同等程度的满足感，便宜的葡萄酒还是比较划算的。陈酿潜力高的葡萄酒，价格必然很高，但如果它还未成熟，那就没必要支付高价去购买了。

🍷 围绕成熟的悲伤矛盾

关于葡萄酒的成熟问题，应该是全世界都常见的矛盾现象，葡萄酒长期未成熟就会变质。购入世界上名气很大但产量很少的、酿酒师酿造的葡萄酒，对我们来说非常困难。一流酿酒师通常认为"自己酿造的葡萄酒要在一流餐馆中饮用""只有一流的餐馆才能匹配我的葡萄酒",所以他们把绝大多数的葡萄酒都卖给了餐馆,以致普通消费者很难在葡萄酒商店中购得。当然,与餐馆匹配的葡萄酒,只能在餐馆饮用。如果你去一流餐馆,会发现的确如此,但它们只提供最新年份的葡萄酒。

以前餐馆会让这些新上市的葡萄酒充分成熟到最佳饮用期,才会把它们添加到餐饮清单中,但现在餐馆没有这样的富余时间。因此,即使是尚未到最佳饮用期的葡萄酒,也已经出现在餐饮清单中了。当然,最新年份的葡萄酒也非常好喝,这一点我们无法否认,但是它们只发挥了本来实力的 30% 左右。这些葡萄酒在餐馆很快就销售一空,即使我们知道它们的年份很新,但除了喝,也没有其他办法。因为你下次来的时候,很大可能已经卖光了。

弗朗索瓦·拉维里奥酒庄的霞多丽葡萄酒和科奇酒庄的默尔索一级园的葡萄酒原本都是 20 年左右才成熟,现在几乎 5 年内就可以饮用了。酿酒师辛辛苦苦酿造的葡萄酒,其中绝大多数还没有发挥其真正价值就被喝光了,多么可悲啊!不过,这也是没有办法的事情。

有瑕疵的葡萄酒非常有趣

　　在我看来，比起品行端正、无可挑剔的人，稍微有些缺点、富有个性的人更容易吸引人。葡萄酒也是如此，"不需要很完美，只要能吸引我就可以"。歌手也是这样，有很多技巧完美的歌手，或许有人认为他们的唱片销量会很好，但实际上却并非如此，很多反而销售不出去。有的歌手我们不能恭维地说他们唱歌有多好，但他们的歌声中有某种温暖的味道，他们的唱片销量就很好。他们虽然歌唱得不太好，但歌声却沁人心脾，让人感动。歌曲也好，葡萄酒也罢，重要的不是它们是否完美，而是能否打动人心。

🍷 敢于尝试成熟度 95% 左右的葡萄酒

　　以前决定葡萄采收期的重要指标是糖度。糖度决定了葡萄酒的酒精度，糖度越高，酒精度越高。在一定范围内，酒精度高是好葡萄酒的标志。因此，当葡萄达到了一定的糖度，就预示着葡萄可以采收了。与酒精度相比，现在的人们更重视葡萄多酚的成熟度。多酚是衡量葡萄酒品质的一个重要因素，存在于葡萄籽和皮中，是贡献葡萄酒色泽、苦味、涩味等物质的总称。

法国人吸烟率很高，喜欢吃富含油脂的食物，但心脏疾病的发病率却很低，这就是所谓的"法兰西悖论"。之所以会出现这种现象，主要得益于他们经常喝红葡萄酒。红葡萄酒中富含多酚，多酚能够保护心脏，减少罹患癌症的风险。如果多酚没有完全成熟，葡萄酒就会发青发涩。如前所述，以前的葡萄酒是以糖度为指标决定葡萄的采收期。实际上，如果我们把以前和现在的葡萄酒做个比较，可以发现以前葡萄酒的单宁具有很强的收敛性、发涩、未成熟，导致当时酿造的很多葡萄酒口感差，无法饮用。采用多酚完全成熟的葡萄酿造的葡萄酒，其单宁圆润温和、口味甘甜，完全没有任何酸涩、突兀的感觉，喝起来的口感如同天鹅绒般的丝滑绵软。因此，生产商为了收获多酚完全成熟的葡萄果实，在葡萄栽培方面花了很多工夫。

对我个人来说，采用多酚完全成熟的葡萄酿造的葡萄酒，总有一种单调乏味的感觉。总之，非常完美、没有一点瑕疵的葡萄酒完全不会打动我。我不喜欢多酚成熟度100%的葡萄酿造的葡萄酒，反而喜欢成熟度95%的葡萄酿造的葡萄酒。因为它会有一丝清爽的青涩感，而且单宁并不那么强劲，给人一种新鲜活力感，让你不自觉地喜欢上它。从100%到95%，这一细微的差别让葡萄酒更有趣，更耐人寻味。

　　意大利皮埃蒙特 1995 年份的葡萄酒采用晚熟的葡萄酿造。这一年，雨断断续续地一直下到 9 月初，夏季非常凉爽，之后一直到 10 月份，阳光充足，多变的天气延缓了葡萄的成熟，却成就了经典的葡萄酒。1995 年份的葡萄酒，多酚虽未完全成熟，却是我喜欢的 95%。即使至今已过去 27 年多，但由顶级酿酒师酿造的 1995 年份巴罗洛、巴巴莱斯克产区的葡萄酒依然清新自然，状态超群，令人惊叹。我曾向巴罗洛和巴巴莱斯克产区的持有者安杰罗·嘉雅询问过此事。他说："你说的情况我非常清楚，我个人也很喜欢 1995 年份的葡萄酒，但是因其口感微涩，很难打入美国市场。"或许美国人喜欢毫无瑕疵的、完美的葡萄酒吧。

　　比起阴历十五的满月，我更喜欢阴历十六的月亮。不过不管怎么说，只要是打动自己的葡萄酒，就是最好的。

若想了解葡萄酒的品质，就要去了解全部的年份

不同年份的葡萄酒，香气、口感、特点都有很大差别。凉爽的年份，葡萄酒的酸度较高、口感清新；炎热的年份，葡萄酒的果香浓郁、酒体醇厚。当年的气候会对葡萄酒产生很大的影响。

谈到葡萄酒，人们常常会谈论其年份的优劣。比如，1982年是阳光充足的好年份，2014年是经常下雨的不好年份。实际上有一个关于年份的一览表，人们会给表上的各个年份打分。分数高，说明年份好；分数低，说明年份不好。人们通过品尝葡萄酒判断年份的好坏，好年份的葡萄酒特别有人气，不好年份的葡萄酒很难销售出去。即使在生产商研讨会上，也经常会有关于年份的提问，比如，在你看来最好的年份是哪一年？你觉得2020年是一个怎样的年份？某位酿酒师的解释让我印象深刻。他说："对我来说，年份就好比我的孩子。它们拥有各自的特点，没有优劣之分，我都喜欢。假设我有10个孩子，肯定有个子高的，

也有个子矮的；有勤奋的，也有懒惰的；有侃侃而谈的，也有沉默寡言的。每个孩子都有自己的个性，很难说哪个孩子好，哪个孩子不好，他们都是我的孩子，都很可爱。"

　　不要讨论年份的优劣，而要喜爱每个年份的特点，并将其充分发挥，这才是葡萄酒生产者的本意。以红葡萄酒为例，果香浓郁年份的葡萄酒，年轻时味道会很强烈，待单宁等物质稍微成熟之后，就可以好好享受它的丰满与厚重；果香稍弱年份的葡萄酒，会让人感受到其可爱纤细的果实风味，这是果香浓郁年份的葡萄酒所没有的。像这样的细微差别，我们从新鲜葡萄酒中就能体味到，所以尽早去饮用吧。以白葡萄酒为例，凉爽年份的葡萄酒，口味酸涩，可以在其充分成熟后再饮用；炎热年份的葡萄酒，一开始我们就可以享受到它浓郁的果香。即使是同一产区、同一酿酒师酿造的葡萄酒，年份不同，其实际情况也是不一样的。所以，不要去评论孰优孰劣，而要去享受这种差异。

　　我喜欢的葡萄酒，每个年份我都会试喝。当我慢慢地发现年份差异背后所隐藏的葡萄酒的风味特点时，我会很开心。只饮用好年份的葡萄酒，就觉得自己了解葡萄酒，这是非常错误的想法，就好比你只通过代表作去判断画家或作家。《格尔尼卡》《亚威农少女》是毕加索的杰作，如果你认为仅凭此就了解了毕加索，那你就大错特错了。他在年轻的时候和新古典主义时期，也为我们展示了其作为艺术家的宝贵一面，甚至他年轻时候的习作也会让人兴趣倍增。

只是去享用好年份的葡萄酒，就好比只听歌手的成名作。我在这里并不是去指责什么，要了解一个歌手，当然首先要了解他的代表作。不过，你如果真的喜欢这个歌手，去听他演唱会的时候，你会发现他并不是只会唱脍炙人口的代表曲目，其他不被人熟知的曲目也是他演唱会的演唱曲目。这才是歌手当时想要传递给大家的内心想法。因此，要想深入了解这个歌手，最好了解他全部的歌曲。葡萄酒也是如此，如果你喜欢某一款葡萄酒，我建议你试着去品尝一下它所有的年份。

勃艮第葡萄酒采用的"寿司店的账目"

波尔多不同年份的葡萄酒，价格会有变动。好年份的葡萄酒，即使高价销售，其销量也会很好，所以会出现人为抬高价格的情况；评分很低年份的葡萄酒则会降价销售。勃艮第的生产商基本不会采取这样的销售策略。近年来，虽然他们每年都在一点点地提高价格，但这和年份的优劣没有任何关系。波尔多遵循由供需决定价格的市场原则，勃艮第则由生产商决定其价格。"我酿造这款葡萄酒的成本，再加上今后葡萄酒庄的运营需要的利润，就是这款葡萄酒的价格。不管是好的年份还是不好的年份，生产成本是不变的，所以价格不会因年份而变动。如果您觉得可以接受，还请您购买，不喜欢也没关系。"这就是生产商的姿态。他们的葡萄酒有着超高的人气，无论哪个年份都不用降价，即便如此也会销售一空。他们对此很有信心。

　　勃艮第的生产商拥有一大批长年购买葡萄酒的个体顾客，这些顾客每年都会来酒庄购买葡萄酒。他们会在酒庄试喝新年份的葡萄酒，之后再确定第二年的订单。不管是在生产商籍籍无名的年代，还是在其名声显赫的现在，这些顾客都可以用令人惊讶的低价购买到心仪的葡萄酒。顾客每年都需要购买葡萄酒，如果遇到"我不喜欢这个年份的葡萄酒，不会购买"的情况，该年份的葡萄酒就会被从购买清单中删除，而且不会再出现。因此，顾客与葡萄酒之间长期不断的彼此吸引是他们购买葡萄酒的前提。

　　年份的优劣不会引起价格的变动，如果这一年遭遇霜冻、冰雹导致葡萄产量减少，生产商获得的利润就少；反之，如果产量充足，他们获得的利润就多。他们会通过平均利润来确定葡萄酒的价格，听说这和寿司店的账目相类似。鱼的价格由天气情况等因素决定，价格的上下波动会很厉害。对于绝对不能缺少的原料（如用于江户风味寿司的小斑鰶、金枪鱼等），哪怕是财政赤字也必须购买。金枪鱼有时候1贯①能卖到5000日元，如此高的价格很难有入账，当天就会出现亏损，只能等金枪鱼的价格下降再挽回亏损的部分。长远来看，这样做可以提高平均利润，顾客方面也不用担心价格会从原来的1万日元突然涨到3万日元。寿司店的老主顾购买寿司时，几乎都会按照往日的价格结账。寿司店有

---

　　① 译者注：贯是日本旧度量衡的重量单位，1贯相当于3.75千克。

时候完全不赚钱（稍一马虎就会亏损），有时候非常赚钱。不过，顾客倒是完全不用担心寿司店不解人情，会一直相信他们，并购买他们的寿司。

勃艮第的顾客也是这样，他们不会说一些诸如"听说今年产量很高，请把价格降低"之类的蠢话。当然，勃艮第的生产商也不会说出"今年产量很低，把价格提高3倍"之类的混账话。双方彼此信赖，配合默契，这就是勃艮第生产商制定价格的规则。

🍷 定价会影响人们对葡萄酒的看法

波尔多和勃艮第的价格问题，从根本上讲，也体现葡萄酒生产商对它们的不同看法。在和意大利渊源颇深的波尔多产区，受自由资本主义①的影响非常大，这就导致价格由市场的供需所决定。由于葡萄酒的产量一定，需求多，价格会提高；需求少，价格会下降。波尔多名庄酿造的葡萄酒，30年来其价格提高了近10倍，但是葡萄酒酿造成本提高并不到10倍。换言之，市场对葡萄酒的需求增长了10倍，需求增长价格自然要提高，所以人们会毫不犹豫地提高销售价格。这就是葡萄酒市场原理，与股票市场相同，供需决定价格，价格会不断提高，直至消费者觉得太高而不会购买。虽说波尔多并非完全如此，但在自由资本主义影

---

① 译者注：自由资本主义又称盎格鲁撒克逊式资本主义，主张实行完全的自由市场经济，强调市场竞争，不主张国家过多干预企业和个人的经济活动。

响下的葡萄酒生产商，会越来越重视向人们提供市场所需求的葡萄酒。市场需要果香浓郁型的葡萄酒，销售者就会尽可能地提供，这对他们来说是理所当然的。如果市场需要新鲜饮用型的葡萄酒，相信他们也一定会努力提供。

　　为了了解市场的需求，市场调查是必不可少的。如果我们可以运用超高的技术生产满足市场需求的葡萄酒并提前报价，那么不仅可以高价销售，而且也会增加利润，这样的经营者是很优秀的。不仅如此，这还可以在汽车、家电等所有的商品制造业推行。然而，酿酒师却没有这样的想法。他们没有倾听来自市场的声音，他们认为："我从父母那里继承的葡萄产区可以酿造出酒体纤细的葡萄酒，不能酿造出酒体厚重的葡萄酒。即使美国市场需要酒体厚重的葡萄酒，我也没法提供。如果你喜欢我酿造的酒体纤细的葡萄酒，那请你购买，不喜欢请不要购买。"当然，市场只允许一部分产地规模小、品质高的生产商有这样的想法。独立农庄香槟的生产商可以有这样的想法，但对于生产上百万瓶葡萄酒的大厂来说，如果不倾听来自市场（或者说是消费者）的声音，很快就会倒闭。日本的高品质传统工艺品生产商也要有这样的姿态，漆器也好、陶器也罢，只要品质足够好，仅靠喜欢它们的爱好者，也可以销售一空。这些生产商不会去讨好市场（或消费者），始终坚持自己的姿态。他们的顾客被他们的信念所吸引，自然会购买他们的作品。可是，他们的作品（或者说葡萄酒）一旦顺应了市场的需求，很快就失去了魅力。

倾听市场声音的生产商所生产的葡萄酒如同投掷到好球区正中间的绝好球，可以满足很多消费者的需求。但作为人之常情，对于寻求鲜明个性的人来说，它就有点美中不足了。酿酒师酿造的葡萄酒，如果换成其他人、其他葡萄产区，也会有它区别于其他葡萄酒的特点。对于不喜欢这种特点的人来说，它只不过是一款"烈性"葡萄酒；对于喜欢这种特点的人来说，它会带来独一无二的喜悦。意大利的托斯卡纳与波尔多很相似，皮埃蒙特与勃艮第很相似。当然，简单来说，在波尔多和托斯卡纳会有追求独特的酿酒师，在勃艮第和皮埃蒙特也会有自由资本主义类型的生产商，这一点毋庸置疑。

有时候你想喝一点会让你心安的葡萄酒，有时候你也想稍微冒险喝一点充满个性的葡萄酒。这时，你可以把你当天的心情一分为二，分别享用两种类型的葡萄酒。

昂贵的葡萄酒有什么不同

　　每次见到以前在《葡萄酒指南》一起共事过的伙伴，他们总是会说道："现在已经没有口感差的葡萄酒了。"对于喜欢在日常生活中享用美味葡萄酒的人来说，现在真是一个上天恩赐的好时代。这40年间，葡萄的栽培技术、葡萄酒的酿造技术都取得了惊人的进步，在全世界酿造美味的葡萄酒也成为可能。40年前的葡萄酒有很多会有"让人讨厌的气味"，而且还有酸度高、单宁含量高、味感让人不舒服等极其常见的问题。造成葡萄酒质量劣化的主要原因有葡萄园管理不到位、酿造车间不干净、发酵管理不完善、橡木桶太旧且受到污染等。幸运的是，从20世纪中后期开始，葡萄酒酿造知识逐渐普及、设备逐渐现代化、技术不断提高，所以缺点较多的葡萄酒几乎消失殆尽了。

　　我是20世纪80年代末开始从事《葡萄酒指南》编写工作的。没有缺点、能出色地呈现葡萄品种与产地特点的葡萄酒，在当时被盛赞为好的葡萄酒。这就意味着以前的葡萄酒在大的层面上分属两个范畴：其一是没有缺点的、美味的葡萄酒，其二是有缺点的、让人喝了不舒服的葡萄酒。然而，现在看来，没有缺点、清洁干净是当然的。包括超低价格的葡萄酒在内，那种喝了让人不舒服的葡萄酒几乎没有了。

于是，人们已不再满足于奢侈的、美味的葡萄酒，开始寻求其他的要素，如个性、风格、优美感、风土等。不过，要想获得这些要素，不能只通过酿造技术，还必须要通过产地。因此，产地可以让这些要素成为可能且特点显著。技术的进步固然有助于酿造"美味的葡萄酒"，却不可能酿造"兼具明显个性及特点的葡萄酒"。这样，在拥有这些特点及个性的产区酿造的葡萄酒，其价格自然就会上涨。

分等级检查不准的原因

打开电视机，你会看到这样一个节目：节目组把3000日元一瓶和3万日元一瓶的葡萄酒酒标隐藏起来，让艺人试喝并猜猜哪一款葡萄酒贵。如果艺人猜错了，大家都会哈哈大笑，觉得他好像"味痴"一样。大笑的背后其实隐藏着一种无邪幼稚的想法，那就是大家认为越贵的葡萄酒越好喝，而且其美味已经被所有人所了解，实际上并非如此。以往的经验表明，人们选择便宜葡萄酒的概率要更高。

其实，很多3000日元一瓶的葡萄酒已经相当好喝了。而且这个价格的葡萄酒的口感反而是所有人都可以接受的。正因为商品价格经常波动，竞争也很激烈，如果它不广为大家喜欢，就会被市场淘汰，所以市场上有很多人认为好喝的葡萄酒，其实他们并没有品尝过。3 万日元一瓶的葡萄酒因价格昂贵，普通人不会购买。所以很有名的葡萄酒，都会有很显著的个性和特点，价格没必要让普通人接受。目前，市场上有很多专家喜欢的葡萄酒，也有很多葡萄酒没有完全成熟导致很难发挥其真正的价值。用菜肴做个比喻，3000 日元一瓶的葡萄酒好比所有人都喜欢的、味道很好的西餐，如汉堡、蛋包饭；而 3 万日元一瓶的葡萄酒好比精致的怀石料理或者鲫鱼寿司、海参子这样的珍馐。

大多数的孩子都喜欢汉堡，但喜欢珍馐的孩子却很少。果香浓郁的葡萄酒所有人都喜欢；几乎没有果香且富含酸和矿物味的葡萄酒虽然深受专家的喜欢，但并不是所有人都喜欢。好比婴儿喜欢吃熟透的果实，果味是人类与生俱来的味觉，而酸味、苦味、涩味则是人类成长过程中逐渐发展起来的味觉。精心制作的汉堡完全不次于精致的怀石料理，同样，3000 日元一瓶的果香型葡萄酒完全不比富含酸和矿物味的、面向专家的、3 万日元一瓶的葡萄酒差。它们都有各自的爱好者。

白色的法国松露是意大利秋季餐桌的高级食材，但有很多人不喜欢它浓烈的香味。海参子和海参肠也是高级食材，也有很多人不喜欢它们那独特的味道。对于高级的食材，是喜欢还是讨厌，很容易就能搞清楚。在葡萄酒较量的节目中，经常能看到西班牙的卡瓦起泡葡萄酒（约 1000 日元一瓶）与法国的高级香槟（约 3 万日元一瓶）的对决。大多数人认为卡瓦起泡酒更好喝，完全不会感到不可思议。价格便宜的卡瓦有适度的果香、酒体轻盈、口味清爽，受到所有人的喜爱。而高级的香槟酸度浓烈，几乎感受不到果香。虽然它品质优美、做工复杂、口感清澈，但因价格昂贵，无法让人很快就给予很高的评价。因此，要避免接触那些让你觉得难得的、珍贵的，但又毫无意义的、昂贵的葡萄酒。

价格与好喝程度成正比吗

葡萄酒的价格与其好喝程度在某种程度上会成正比。比如，可以通过控制葡萄的产量、多花费工夫和时间酿造出更精致的葡萄酒，这些方法的实施可以在一定程度上提高葡萄酒的品质。虽然你手头有一款 1000 日元以下的葡萄酒，你觉得很好喝，但大多数消费者购买了 2000 日元相似的葡萄酒。他们在品尝的时候，觉得 2000 日元一瓶的葡萄酒口感更浓郁、更厚重、更爽滑、更好喝。当然，如果是 3000 日元一瓶的葡萄酒，或许更好喝吧。不过，价格与好喝程度的关系不是机械不变的。从一瓶 3000 日元左右的葡萄酒（这个数字是基于葡萄酒的类型、产区等综合考虑后给出的大致标准）开始，人们感觉到昂贵的葡萄酒未必比便宜的葡萄酒好喝。有的人认为一瓶 3000 日元的葡萄酒比 1 万日元的葡萄酒好喝。

　　我在从事《葡萄酒指南》编写工作之后，经常会发现，比起1 万日元一瓶的葡萄酒，相同的生产商更认可 5000 日元一瓶的葡萄酒，给予的评价也更高。即使对于葡萄酒专家来说，他们也未必认为昂贵的葡萄酒更好喝。

　　为什么会这样呢？究其原因在于，其一是截止到某一时间点，关于葡萄酒是否好喝，大多数人心中都有自己的评价标准。一旦超过了预期，他们就会有更加主观的看法。大多数人认为，适当厚重的葡萄酒要比口感寡淡的葡萄酒好喝。他们更喜欢香气和口感在一定程度上更加丰满的葡萄酒。这种厚重感和丰满度在现有的技术下，花费一定的成本也是可以实现的。不过葡萄酒的个性、品质、优美感有一定微妙的价值，其评价标准就因人而异。生产商认为自己酿造的葡萄酒品质优美、酒体纤细，所以售价昂贵，但在消费者看来，或许认为它的口味偏弱、不值得饮用，觉得"如此昂贵的葡萄酒却不能打动人，简直是浪费钱"，从而后悔购买。其二是酿造昂贵的葡萄酒时，酿酒师往往精神饱满，干劲十足，过于想要酿造出让人惊叹的葡萄酒，反而适得其反，经常"摔跟头"。或许是酿酒师太想酿造出浓郁型冲击感强烈的葡萄酒，往往导致酿造的葡萄酒味感太过单调、缺乏平衡性。消费者会认为："这样的葡萄酒还不如便宜的葡萄酒好喝，至少它们的口感更丝滑、更清爽，让人心情愉快。"

如果想要『一般好喝』的葡萄酒，就选便宜的

　　除了好喝，以价格作为衡量葡萄酒品质标准的比例也在增加，这在葡萄酒行业很常见。勃艮第、皮埃蒙特等著名产区的葡萄酒价格原本就高，而无名产区的葡萄酒因为没有知名度，即使相当好喝，也会以很划算的价格销售。此外，极为稀缺的葡萄酒（如小产区、控制产量等）、有奇闻轶事的葡萄酒（例如，拿破仑喜爱的葡萄酒等），它们的价格也很高。像这些凭借除"好喝"以外的其他要素获得高价销售的葡萄酒，对于单纯喜欢美味的葡萄酒消费者来说，还是避开为好。

　　餐馆也是如此，即使是贴有相同标签的菜肴，如果是一家有 30 个座位的餐馆，你很容易就可以吃到想吃的菜肴；如果是一家只有 1 个长柜台和 8 个座位的餐馆，你即使预约了，也很难吃到。这就需要考虑供需关系，毕竟稀缺的东西，价格自然会上涨。法国松露之所以昂贵，就是因为可供采摘的量太少。如果可

以大量采摘，或者可以人工栽培，它的价格肯定会暴跌。现在百姓餐桌上常见的秋刀鱼也是如此，如果捕获量骤减，它的价格可以比肩高档鱼。价格往往不是由绝对价值决定的，而是由供需关系决定的。

经常有人问我："还是昂贵的葡萄酒好喝吧？"对于这个问题，我也反复进行了回答。某种程度上来说，从便宜的葡萄酒到中档的葡萄酒的确如此，但高档的葡萄酒需要具体情况具体分析。比如，喝10万日元一瓶的葡萄酒时，有的人会感动到流泪，"不愧是10万日元的葡萄酒，值这个价格，其优美高雅的个性是其他葡萄酒不具备的。"有的人会愤怒地说道："这和3000日元一瓶的葡萄酒完全没有差别，真搞不懂为什么会这么昂贵。"总之，超过一定价格（前面提过以3000日元一瓶作为大致的标准）以上的葡萄酒，对其价值的判断，有很大程度的主观性。其实道理是相通的，比如，有的人喜欢毕加索的画，哪怕花几亿日元也要买到手；而有的人完全搞不清毕加索的画，认为它们一文不值。一旦带有一定的主观性，价格就会有很大的变化。所以，如果你只是日常享用葡萄酒，那买太过昂贵的葡萄酒就没有意义，选择便宜的就好了。

第 **4** 章

东西 风味背后看得见的

完
美
即
单
调

　　完美的葡萄酒肯定有让人着迷的地方，也很有趣。与其说葡萄酒是一种完美的饮品，倒不如说它是一种重视个性和趣味性的饮品。葡萄酒只要有魅力，即使不完美，也是可以被消费者喜欢的。

♥ 葡萄酒是反映产地和生产商的一面镜子

　　位于意大利北部的南蒂罗尔，意大利语叫作上阿迪杰。第一次世界大战结束前，上阿迪杰一直是奥地利的领地。这里生活着德国后裔，他们保持着日耳曼民族的生活方式。他们追求完美的生活态度比真正的德国人还要强烈，做事非常严谨、一丝不苟。

　　现在的上阿迪杰是全世界著名的白葡萄酒产地，生产的白葡萄酒非常完美、毫无缺点，很好地反映了酿酒师的风格，而且价格便宜，深受所有意大利人的喜爱，切实巩固了其作为白葡萄酒名产地的地位。上阿迪杰的白葡萄酒都出自阿尔卑斯山山麓，口感清新、纯净，非常好喝。不过，由于白葡萄酒太过完美，有时反而会给人留下单调的印象，简直太不可思议了。

　　从上阿迪杰南下约 800 千米就是那不勒斯。以那不勒斯作为首府的坎帕尼亚也是有名的葡萄酒产地，自古罗马时代就一直生产优质的葡萄酒。与上阿迪杰居民严谨的性格完全相反，坎帕尼亚的居民做事不拘小节，性格豁达洒脱，极富创造力，他们的气质很好地反映在葡萄酒的酿造中。这里的大多数酿酒师并不会仔细地去酿造完美无缺的葡萄酒，反而会任凭自己当时的灵感和心情乘兴酿造。虽然屡有缺点，但其充满活力的香气、强劲的口感、复杂粗犷的特点都让人着迷。

去了产区就能理解的「风土」

　　一年中有 1/3 的时间，我都在访问国外的葡萄酒产区。待在日本的时候，我一般会往返东京和京都两地。在往返中，让我惊讶的是两地的湿度差异。虽然两地的气温差异不大，但湿度却完全不同。因为我比较在意，所以试着用湿度计进行了测量。以冬季为例，京都的湿度为 55%～65%，东京的湿度为 20%～35%。作为土生土长的京都人，每次我在京都站一下车就会感觉很湿润，而每次在东京站下车就会感觉空气很干燥。东京出生的人来到京都，或许会觉得京都很潮湿。

　　当然，气候的差异会对当地居民的气质产生很大影响。因此，要想了解一个地方的风土，必须要实际去到该地，切实感受一下当地的空气、阳光。葡萄酒的产区也是如此，虽然你在图表上可以看到葡萄酒产区的平均气温、平均降雨量，但所谓百闻不如一见，最好亲身感受一下你之前通过品尝葡萄酒感受到的阿尔卑斯的阳光、山风、海风等。现在，葡萄酒观光已经成为热潮，不仅接受实地参观学习的葡萄酒庄增多，附设餐馆、住宿设施的葡萄酒庄也增多了。希望对风土感兴趣的人一定要实地拜访，去产地看一看，很多情况自然就理解了。

🍷 由风土的清高引发的一个大事件

请相信自己亲口尝过的东西，没有亲口尝过的东西可以直接忽视。不管别人说什么，自己觉得好喝的葡萄酒就是好的。不管别人怎样赞誉，只要没有打动自己的葡萄酒，就没必要在意。遵从自己的内心比什么都重要。"这是一款颇有名气的葡萄酒，我也想成为一个可以了解它、评价它的人。"因为人们有了这样的想法，社会上出现了一种奇妙的现象，那就是所谓的"清高"（即假装高雅、假装有教养的一种态度）。

2008 年，意大利发生了一起大事件。消费者发现有的生产商把一些混合了梅洛的葡萄酒当作蒙达奇诺·布鲁奈罗（以下简称"布鲁奈罗"）销售。托斯卡纳州生产的布鲁奈罗作为意大利顶级的红葡萄酒颇负盛名。布鲁奈罗采用产于意大利中部的一种叫作桑娇维塞的本地葡萄品种酿造，绝不允许混合其他的葡萄品种。然而，这起大事件，就是由混合了很多外国品种（赤霞珠、梅洛等）的布鲁奈罗被发现而导致的。

那么，为什么会发生这样的事情呢？桑娇维塞是非常优质的葡萄品种，酸度强烈、单宁粗糙，对于喝不惯的人来说稍微有些冲击性。虽然它的果香紧致、细腻，但普通消费者却很难感受到。可以说，它是一个面向专家的品种，不是一个很快就被国际市场接受的品种。

由于布鲁奈罗名气很大，很多葡萄酒爱好者都想享用并喜欢上它。这些葡萄酒爱好者大多居住在美国。不过，美国的消费者不喜欢桑娇维塞的味道，觉得它酸度强烈、单宁含量高、果香不太浓郁。但还有消费者认为："如果你没喝过布鲁奈罗，直接去喝梅洛或者赤霞珠，或许你觉得它们还不错，但由于我一直在喝布鲁奈罗，所以我还是喜欢名气很高的布鲁奈罗。"让人头疼的是，美国消费者虽然有这种矛盾的情绪，但他们的购买力却很高。所以布鲁奈罗的生产商为了满足他们的需求，就打破生产规则，把赤霞珠、梅洛等混合到桑娇维塞中，酿造出美国人喜欢的果香浓郁、口感柔和的布鲁奈罗。这样，美国的葡萄酒爱好者既喝到了自己喜欢的葡萄酒，又喝到了名气很高的布鲁奈罗。他们获得了双重的满足。由此，布鲁奈罗在美国市场大获成功。

布鲁奈罗事件与之前的劣质葡萄酒事件有着本质区别。以前的生产商为了降低生产成本，会在葡萄酒中混合甲醇、防冻液等物质而生产出劣质的葡萄酒，这种危害人性命的恶性行为是绝对不允许的。布鲁奈罗事件并没有降低葡萄酒的品质，对美国消费者来说，反而提高了葡萄酒的品质。实际上，事件中的葡萄酒（混合了外国品种的布鲁奈罗）在美国的葡萄酒杂志上获得了超高的评价，每瓶售价 100 美元以上，而且销量飞涨。生产商打破了生产规则，却造就了高品质的葡萄酒。

🍷 比起品牌，请更相信自己的味觉

比起品牌，请更相信自己的味觉，同样的话也体现在京都风味的菜肴中，这是关于夏季名产海鳗产地的故事。一直以来，大家都认为淡路岛是海鳗最好的、最传统的产地。直至今日，仍有很多人倾心于淡路岛产的海鳗。

实际上，从 2000 年开始，韩国产的海鳗更受欢迎，市场价格也很高。韩国产的海鳗体形较大、肉质饱满、极富魅力，尤其是用一种叫作 OTOSHI 的开水快速焯水后，它的身子会像盛开的大朵牡丹花一样，给人一种雍容华贵的印象。因其颜色呈白色，看起来也非常的赏心悦目。与之相对，淡路岛产的海鳗体形偏瘦、肉质紧实，而且外皮偏硬，适合烤着吃，再配上黄瓜，味道极佳，慢慢咀嚼，你会品尝到行家喜欢的那种地道口味。无论是韩国产的海鳗，还是淡路岛产的海鳗，厨师在烹饪的过程中都可以充分利用各自产地的特点，制作出美味可口的菜肴。

不过，问题在于很多客人非常喜欢日本产的食材，尤其是在高级日本料理店或日式餐馆中，客人都希望能吃到有名的、淡路岛产的海鳗，却不希望看到韩国产的海鳗。但当餐馆给这些客人提供淡路岛产的海鳗时，他们会贬低说："这么瘦，连味道都缺了一种华美的感觉。"此时，餐馆默默地（或者冒充淡路岛产的海鳗）提供韩国产的海鳗。他们就会高兴地说道："不愧是淡路岛产的海鳗，肉质松软，味道浓郁。"因此，很多日本料理店或日式餐馆不得不为客人提供韩国产的海鳗，而且还要谎称是淡路岛产的。不过，近年来，堂堂正正提供韩国产海鳗的餐馆也逐渐增多了。我希望消费者都能知道，吃起来好吃的东西和你认为好吃的东西有时候并不是一致的。这和我刚刚讲过的布鲁奈罗事件是一样的道理，之所以会出现假冒的现象，完全是因为消费者那种势利的、假装内行的态度。

我只相信自己的舌头识别过的东西。有的人会在寿司店或者餐馆没完没了地询问鱼的产地。这只是无意义的询问，他之后在吃鱼的时候，真的能分清鱼的产地吗？我并没有这样的能力，所以我在吃鱼的时候，不管大金枪鱼是大间产的，还是户井产的，只要好吃就好。只要是我信赖的寿司师傅凭眼力为我选择的大金枪鱼，哪怕是波士顿产的冷冻鱼，在我看来也是好的。以前有消费者向一家 3 星级寿司店的师傅问道："这种海胆是哪儿产的？"师傅答道："海里。"实际上，自己吃过的都不知道产地在哪儿，那么哪里产的也就无所谓了。毕竟这是寿司师傅为我们选择的这个季节市场上最好的大金枪鱼和海胆。

产区的魅力

　　有很多葡萄酒爱好者会被葡萄酒与土地两者结合产生的魅力所吸引。他们会凭借葡萄酒的香气和味感想象出葡萄酒产区的样子，还会由于眼前浮现出葡萄酒产区的情形而思绪飞驰。

　　有的人只是单纯地把香槟当作好喝的酒精饮料去品尝。他们喜欢香槟那充满活力的酸度和适度的矿物味。不过，对于着迷于产区的葡萄酒爱好者，他们会从葡萄酒那充满活力的酸度中想象出那有凉爽的、多雨的产地，从矿物味中想象出那富含白垩质的石灰土壤，甚至还会在眼前浮现出香槟产地那美丽的丘陵。这就意味着葡萄酒不仅是玻璃杯中的饮品，还是充满诗意的、具有唤醒力的饮品。它可以让人感受到隐藏在玻璃杯后的东西，如产区、土壤、风景、阳光、空气、历史。这意味着葡萄酒不仅可以给我们带来香气、风味等感官享受，还可以带给我们更多的文化气息，让我们更加知性。这对葡萄酒爱好者来说，是非常有魅力的。

如果一款葡萄酒拥有其他产区所没有的个性，那么它就会非常有魅力。人们会由此断定，这款葡萄酒是珍贵的，其价格也会暴涨。虽然在某种程度上产区的价值与葡萄酒的好喝程度成正比，但比起葡萄酒的口感，其让人印象深刻的个性和稀少性更加重要。

♈ 欣赏不完美的葡萄酒

产区的魅力有时候会让人偏离方向，也会让人忽略了葡萄酒的美味，反而去感受各个产区的不同特点。很多产区一开始就用几个不同地块的葡萄混合酿制葡萄酒，而且每个地块都有各自的特点。比如，A 为朝东的砂质土壤，在这块地上生长的葡萄可以酿造出带有花香的、香气扑鼻的、优美但酒体偏弱的葡萄酒；B 为朝西的黏土土壤，在这块地上可以生产出带有香料或皮革气味的、口感强劲的加强型葡萄酒。我们把 A 和 B 两个地块的葡萄混合在一起，扬长避短，就可以得到更好喝的葡萄酒。因此，我们把有互补关系的地块生产的葡萄酒混合在一起，其效果不是 1+1 等于 2，而是 3，甚至是 4。

然而，以产区为本的人非常讨厌产区混酿。因为虽然混酿能使葡萄酒更好喝了，但产区的特点却越来越不明显了。如果这样下去，不是孰好孰坏的问题，而是立场的不同。香浓菜汤是意大利的经典菜肴，汤中会加入各种蔬菜，把多种蔬菜放在一起煮，这些蔬菜各自的美味就会浑然一体，变得更加美味可口。如果换作葡萄酒，就是把不同土壤种植出的葡萄混合在一起后酿造的美酒。为了明确每种蔬菜各自的特点而敢于拒绝把它们放在一起煮，就是坚守以产区为本的人的姿态。

　　葡萄酒酿造年份的问题也是如此，葡萄酒的风味会受当年气候的影响。凉爽年份酿造的葡萄酒，口感偏弱、酸度增强；炎热年份酿造的葡萄酒，口感厚重、酸度柔和。这意味着，如果我们把处于互补关系的两个年份的葡萄酒混合在一起，葡萄酒固然更加好喝，但却无法品味到每个年份的各自特点。除了起泡酒由多个年份的葡萄混酿而成，其他葡萄酒基本上都是采用单一年份的葡萄酿造的。这也是欣赏葡萄酒差异的一种姿态。喜欢一块土地、一个年份的个性特点，意味着要接受它们的优点和缺点。虽然通过混合的方式可以酿造出完美的葡萄酒，但要敢于拒绝这样的做法，即使酿造的葡萄酒不完美，也要学会欣赏它们。

　　这与用单一蒸馏厂的原浆酒酿造的纯麦芽威士忌是一样的道理。优秀的调酒师把多种原浆酒调配在一起酿成混合威士忌，其味道固然优美。但单一麦芽威士忌却包含了每块土地的水、气候、风土等孕育的独特个性，这当然也是其魅力所在。

　　当消费者逐渐成熟，不再一味追求高品质的饮料，而开始追求有缺点但又个性鲜明的饮料时，单一麦芽威士忌、单一种类的葡萄酒的人气自然会越来越高。

🍷 把品种放在前面就输了吗

欧洲特别是法国，其中也包含勃艮第的葡萄酒生产商，他们有强烈的产区信仰。这是我去勃艮第的沃恩·罗曼尼村庄拜访拉鲁·比露·勒桦时的事情。我的朋友一边试喝她的葡萄酒，一边说了两三句关于黑皮诺（勃艮第的红葡萄酒只采用黑皮诺酿造）的特点。话音刚落，勒桦夫人就用严厉的口吻反驳道："我虽然用黑皮诺酿造葡萄酒，但酿造不出体现这一品种特点的葡萄酒。我酿造的葡萄酒可以体现出大依瑟索、李奇堡等产区的特点。"在她看来，品种只是手段，如果自己酿造的葡萄酒能让消费者感受到品种的特点，那无疑是失败的；只有让消费者感受到产区特点的葡萄酒，才是最优质的。

在 2000 年之前，波尔多的著名葡萄酒生产商克里斯蒂安·莫伊克也曾说过："面对最好产区、最好年份的葡萄酒，我有时也搞不懂赤霞珠和梅洛究竟有何差别。"大家都认为赤霞珠和梅洛的产区能力惊人且能够超越品种，在欧洲是一流的。当你对束缚在这种想法里的欧洲人说，日本酒所使用的大米未必是专门用来酿酒的大米时，他们会陷入恐慌。

让人意外的是，新潟县酿造的酒也很少使用兵库县产的山田锦①。让人难以置信的是，日本酒并没有反映产地的特点，所以当

---

① 山田锦有"酒米之王"之称，不仅是目前产量最大的酒米，而且是最容易酿酒的酒米，酿造的清酒味道最好。

说到日本酒可以反映出产地的水和气候时，多少能让人心安。据说，一开始在产地信仰强烈的欧洲介绍日本酒的时候还闹了笑话，生产商在介绍时错把大精酿作为特级产地、把精酿作为一级产地。

🍷 只有逆境产区，才能孕育出优质的葡萄酒吗

我曾经和波尔多大学葡萄酒酿造学教授兼酿造顾问的丹尼·杜博迪安一起吃过晚餐。比较有意思的是，他一贯主张："葡萄容易成熟的优越产区只会酿造出单调乏味的葡萄酒，只有在那些阴冷的、光照不足等逆境产区，努力生长最终收获的葡萄才可能生产出品质卓越的葡萄酒。"

实际上，在欧洲的法国北部和德国等葡萄栽培极限的地区，经过当地人令人感动的、艰苦卓绝的努力，能够持续酿造出优质的葡萄酒。而在适合葡萄栽培的意大利，虽自古以来就被盛赞为葡萄酒的天堂，但当地人仗着得天独厚的优越环境，偷懒、不努力，甘于酿造大量低品质的葡萄酒。这种情况一直持续到 1980 年前后。

法国敢于与艰苦的条件做斗争进而酿出卓越的葡萄酒，不管是在勃艮第，还是在波尔多，葡萄的成熟都并非易事（至少在地球温室效应出现之前是不容易的）。香槟就是一个极端的例子，因产区气候过于阴冷，葡萄的糖分积累不够，甚至连普通的葡萄酒都无法酿成。但是他们敢于改变这一缺点，发明了瓶内二次发

酵的酿造方法，最终成为有名的香槟酒产区。由于法国的葡萄酒是由接近完全成熟的葡萄酿造的，所以大家在饮用的时候会感受到一种清新的酸度，葡萄酒味感非常的优美高雅、清爽迷人。

法国作为世界著名的葡萄酒产地，气候条件并不适宜，葡萄的成熟非常困难。1945 年、1961 年、1982 年这些好年份的葡萄酒都是在炎热的天气下酿造的。截至 20 世纪 70 年代，几乎所有年份都是葡萄难以成熟的年份，只有极少数好年份得益于炎热的天气和充足的光照。当然，之所以会这样，是由于气候不宜，常年阴冷多雨、光照不足。因此，法国可以说是一个渴望炎热和光照的国家。

『巴黎审判』中的逆转场面

　　"巴黎审判"是一次非常有名的葡萄酒试喝会，该试喝会于1976年在巴黎举行。当时，人们试喝的主要是加利福尼亚州葡萄酒和法国葡萄酒。最终，加利福尼亚州葡萄酒击败了法国葡萄酒。当时籍籍无名的加利福尼亚葡萄酒一下子名声大噪，其实力得到了全世界的认可，相关书籍也陆续出版。当然，当时加利福尼亚州的葡萄酒酿造水平已经相当高了。这是不可否认的事实，不过我却有不同的看法。

　　前面已经提过，法国好年份的天气都是炎热的。与法国相比，加利福尼亚州气候温暖、光照充足，几乎每年的天气都很炎热。所以，在巴黎品酒会上，法国著名的品酒师把参会者偷偷提供给他们的加利福尼亚州葡萄酒误认为是好年份的法国葡萄酒。实际上，品酒会上提供的加利福尼亚州葡萄酒全部都是用法国常用的葡萄品种酿造的。正因为法国的生产商很难遇到好年份，所以他们渴望并憧憬炎热的天气、充足的光照，而这些却是加利福尼亚州自然拥有的。所以，品酒师会情不自禁地给加利福尼亚州的葡萄酒打高分。这就好比让一直吃怀石料理的人吃牛排，虽然怀石料理极其讲究，品质绝佳，但偶尔吃一下分量大的牛排也是很不错的。这或许就是加利福尼亚州葡萄酒的秘密。

葡萄酒也会憧憬自己没有的东西

如果你每天都吃牛排这样奢侈的东西，也会厌烦吧。此时，你肯定会怀念精致的怀石料理。这和一时喜欢加利福尼亚州葡萄酒的法国人的心情是一样的。虽然法国葡萄酒非常讲究，但对于经常喝法国葡萄酒的人来说，初次接触果香浓郁、富有魅力的加利福尼亚州葡萄酒时的感觉，与初次吃到牛排的人的感觉别无二致。但如果他们一直喝加利福尼亚州的葡萄酒，肯定也会厌烦。

地球温室效应给葡萄的栽培带来了很大的影响。与往年相比，法国的葡萄开始连续不断地成熟。尤其是 2003 年，虽然酷热的天气导致很多人死亡，但法国的葡萄酒却因此受益，生产出了珍贵的、浓郁的、充满力量的加利福尼亚州式的葡萄酒。虽然这款葡萄酒我个人不怎么喜欢，但法国著名酒评家米歇尔·贝丹却给出了超高的评价，让我印象深刻。人果然还是会憧憬自己没有的东西吧。

『绝对划算』的葡萄酒

　　大多数的生产商都干劲十足，想要酿造出忠于产区的葡萄酒，想要通过葡萄酒表现出产区的特点。消费者们对于他们的想法也非常认可，觉得很不错。但冷静一想，多少会觉得可笑。其实，产区的特点并不是你想表现就可以表现出来的。这就好比你想说普通话，却说了关西话。你越想隐藏，反而越显露出来。

　　当然，你如果曲解产区本身的特点，去酿造不符合产区特点的葡萄酒，多少有点过分，也是不应该的。比如，你想在海拔高且阴冷的地区酿造出口味浓郁的葡萄酒，想在平坦且气候炎热的产区酿造出口味清新的葡萄酒，这简直是不可能的事情。不过，如果你要酿造一般的葡萄酒，即使你什么都不做，产区的特点也是会显露出来的。但如果你要酿造只有该产区才有的葡萄酒，那就另当别论了。重要的是，并不是所有的地块都可以很充分地表现出产区的特点。在明显表现产区特点的地块上，不管种植什么

悦享葡萄酒

品种的葡萄，都可以很好地反映出该产区葡萄酒的共同特点。

托斯卡纳的经典产区基安蒂地区带有明显的产区特点。在该地区，无论是由霞多丽酿造的白葡萄酒，还是由桑娇维塞或梅洛酿造的红葡萄酒，都可以感受到葡萄酒所含的矿物味、清爽的酸度和特有的香气，并不会因品种不同而表现出不同的特点。基安蒂地区可以酿造出带有产区特点的葡萄酒，所以基安蒂地区经典的葡萄酒，不管品种如何，即使隐藏了酒标，只要你喝的时候用心感受，很容易就可以猜到产区。而在同属于托斯卡纳的马莱玛地区，因其位于海岸地带，整体的产区特点明显减弱。虽然其葡萄酒果香丰富，非常好喝，但如果隐藏了酒标，就很难猜出其产区。

在欧洲，传统的、带有明显产区特点的葡萄酒都会被给予很高的评价。因此，像马莱玛这样没有明显产区特点的地区，即使其葡萄酒非常好喝，价格也会受到限制。如果你想喝好喝的葡萄酒，马莱玛的葡萄酒是绝对划算的。

你喜欢的是"普通话"，还是"方言"

产区就如同方言，对于产区的特点，你是否喜欢，自然一清二楚。喜欢的人肯定喜欢得不得了，而不喜欢的人也必然讨厌得不得了。所以，电视播音员播音的时候不说方言，而是说所有人都可以接受的、没有地方特点的普通话，这样就没有可以非议的地方了。不过，有的人认为，方言比普通话更有味道。

　　那么，说到葡萄酒界的"普通话"，就不得不提高级品种酒。高级品种酒可以很好地反映品种的特点，而不是产区的特点。像众所周知的霞多丽、梅洛、黑皮诺等葡萄品种，所有人都很喜欢，因为它们很好地反映了品种的特点，可以放心喝。

　　最初，你可以先试喝一些没有产区特点的葡萄酒。因为只要是同一品种，它们的香气、味道都是相同的。或许你很快就会厌烦，此时，你再试喝一些带有产区特点的葡萄酒，肯定会别有一番滋味。当然，如果你很少喝葡萄酒，喝的时候又不想太冒险，那你只要喝一些自己喜欢的、忠于品种特点的葡萄酒就好了。

🍷 产区有时也"很麻烦"

　　勃艮第的人对产区抱有很强的信念，因为勃艮第就是一个带有明显产区特点的地区。要想让产区特点充分地体现在葡萄酒中，就要控制好品种，不要让它掩盖产区的特点。勃艮第用于酿造白葡萄酒的霞多丽，其香气很好地反映了产区的特点；用于酿造红葡萄酒的黑皮诺，虽然它的单宁含量较低，但人们可以从它自身的独特香气中发现产区的特点。而波尔多产区使用的赤霞珠或梅洛，其品种本身的特点非常明显。虽然也会体现出产区的特点，但由于它们品种的特点太过明显，所以很难发现产区的特色。此外，勃艮第产区的土壤非常复杂，哪怕只隔着一条路，土壤也是完全不同的，这就便于人们了解产区的特点。在一块平坦的土地上，如果全是相同的土壤，那就很难发现产区的特点。

　　另一个带有明显产区特点的就是意大利皮埃蒙特的巴罗洛和巴巴莱斯科。它们位于海拔 200～500 米的丘陵地带，地块的走向也是东西南北各异，因此该地区的土壤也是充满变数，很容易就能发现每个地块的不同。这里种植的品种是内比奥罗，酸度强、单宁含量高、果香不太浓郁、有一种玫瑰花的香气，非常高贵。内比奥罗也是个性不太强的品种，所以产区特点很容易就展现出来了。

　　最近，在埃特纳火山山麓酿造的埃特纳葡萄酒吸引了很多人的目光。埃特纳火山位于西西里岛，是欧洲最大的活火山，海拔 300～1000 米，且富有变化，从 70 万年前开始就不断喷发。无论在哪个时代，它都有熔岩流淌，所以其土壤属于火山性土壤，土壤的特点在每个时代都有很大的不同。用于酿造白葡萄酒的品种是卡利坎特，酸度强，几乎没有香气，所以很容易展现产区的特点；用于酿造红葡萄酒的品种是马斯卡斯奈莱洛，与内比奥罗很相似，是一个很优质的品种。

　　以上 3 个产区的葡萄酒都非常好喝，都是产区爱好者的圣地。有一点必须注意，探寻葡萄酒与产区之间的关系，就如同玩纸牌或扑克牌游戏一样，对热衷于此的爱好者来说自然充满魅力，但对于只是寻找好喝的葡萄酒的人来说，的确非常"麻烦"。

"天才"还是"疯子"

迭戈·阿曼多·马拉多纳去世了。1983—1989年,我在意大利生活,曾追随过他同一时代的辉煌。当时的意大利足球甲级联赛水平非常高,汇集了很多著名的选手,可以说群星璀璨。例如,尤文图斯队的普拉蒂尼、乌迪内斯队的济科、罗马队的法尔考、佛罗伦萨队的苏格拉底,都是当时炙手可热的球星。

其中,马拉多纳最为引人瞩目。当时,马拉多纳所在的那不勒斯队是一支非常弱小的球队,因为马拉多纳的加入而强大到让人难以置信的地步。马拉多纳厉害的地方并不是其为球队做出的贡献,而是他一个人就可以带领球队取得胜利。普拉蒂尼固然是一个优秀的选手,可以在比赛中充分发挥其才能,而马拉多纳一个人就可以解决所有的问题。他任性、好冲动,经常提不起干劲,只要不参加比赛,就磨人耍性子,让球队头疼。一旦周围人安抚他,在比赛剩余15分钟的时候,他会逐渐加速,一会儿工夫就得 2 分，并很快结束比赛。他这个超人只要出现在比赛场上，就会解决所有问题，这是典型的拉丁派足球的风格，与普拉蒂尼合理性的比赛打法形成对比。那不勒斯人信奉圣雅纳略，相信只要向圣雅纳略祈祷，他就会帮助他们解决所有问题。马拉多纳对于那不勒斯队来说，亦是如此。所以，马拉多纳一直都是"那不勒斯队的球王"，他穿的 10 号球衣也被永久封存。充满创造力的马拉多纳作为那不勒斯队的优秀射手也获得世人的赞誉。

1987 年，就任 AC 米兰教练的阿里戈·萨基，一直把马拉多纳作为对手。他运用区域联防这一高超的压迫战术对抗马拉多纳，为广大球迷奉献了很多胜负的名场面。萨基永远不可能预想到马拉多纳接下来会干什么，他只能通过组织力进行对抗。萨基曾说过："在我看来，优秀的射手必须在对的时间做对的事情。不是依赖天才的创造力，而是依靠球队全员朝着一个共同目标努力。"正因如此，AC 米兰才可以压制马拉多纳，取得了闪耀历史的成绩。天才懂得浪漫，但"对的时间做对的事情"并不浪漫，要坚持下去反而很难。不过，只要坚持，就会取得辉煌的成果。

葡萄酒的酿造、菜肴的烹饪都需要制作者不断重复琐碎的事情，只有把这些琐事一件件打磨好，才能酿造出优质的葡萄酒、制作出美味的菜肴。马拉多纳这样的天才，也不是从天而降、用魔法降生的。尽管如此，仍有人认为反复做"对的事情"太过平淡乏味，"一点都不美观"，所以他们想强行制造出像马拉多纳这样的"天才"，并且廉价卖出。于是，全世界出现了很多"天才"酿酒师、"天才"厨师。只不过有的酿酒师成了明星，有的厨师成了天才。当然，世界上也有极少数"天才"的存在，这一点我们不能否认。比如，费兰·阿德里亚就是烹饪界的天才。不过，这样的天才极为罕见，并不是每个城市都有，全世界同时代也仅有 1～2 个。

有的人明明不是天才却被捧为天才。其实，这些人只做了一些大家认为的"与众不同的事情"，结果陷入奇特的、新奇的漩涡中不能自拔。比如，酿造异常浓郁的葡萄酒，充分发挥橡木桶的作用，采用谁都没有听说过的品种，把一些难以想象的食材搭配在一起，等等。这样的话，他们做的事情至少是"不一般"的。不过，这个道理恐怕连猴子都明白吧。"不一般"不等于"天才""不一般"也许是"疯子"，这一点希望大家不要搞错。

🍷 只有自己才了解真正的自己

在意大利北部的曼托瓦与克雷莫纳中间的田园地带，有一家叫作"渔夫"的餐馆。从 1996 年至今一直保持着米其林 3 星的荣誉，是意大利保持时间最长的米其林 3 星餐馆。厨师长是一名女性，名叫纳迪亚·尚蒂妮，她做的菜肴超级棒。虽然她做的是当地的家常菜，也只是做了自己该做的，但是她把细节处理到极致，做出的菜肴比任何独创性的菜肴都让人惊艳。

　　"数寄屋桥次郎①"也是如此，虽然这是一家很小的寿司店，很多人认为他们的寿司制作非常简单，但在简单的背后却有非常繁多的准备工作，其完美的细节处理、不断提升的态度，都达到了前所未有的高度。"只是做了自己该做的"到底有多难，恐怕小野二郎与小野祯一先生比谁都知道，而且他们默默地做了数十年。最让"天才"费兰·阿德里亚折服且感动的就是"数寄屋桥次郎"的寿司，他们一直坚持在对的时间做对的事情。

　　葡萄酒的酿造也好，菜肴的烹饪也罢，都不要去追求轰动社会的效果，只要把该做的事情做好就可以了。这是非常重要的。

　　维罗纳的米其林2星餐馆的厨师长佩里·贝里尼曾说过："我不是厨师长，我只是厨师。"巴罗洛的酿酒师马沙雷诺也曾说过："我只是一个酿造葡萄酒的人，不是明星。"可以说，只有自己才了解真正的自己。

---

　　① 译者注：数寄屋桥次郎是一家位于日本东京的寿司店，店铺狭小，虽然只有10个座位，却入选了米其林3星餐馆（2020年之后没有再入选）。据说，这里提供世界上最美味的寿司，主厨小野二郎被奉为"寿司之神"。

酿造技术的进步

　　最近 50 年，葡萄酒的酿造技术有了非常显著的进步。酿造技术未成熟时出现的缺点，现在几乎都消失了。

　　关心自然资源可持续利用与自然环境保护的生产商增多了，至少高端葡萄酒的生产商不会再使用除草剂、杀虫剂等农药。因此，葡萄酒也变得越来越纯净、出色，品种及产区的特点也越来越明显。

　　众所周知，以前的葡萄酒不仅挥发酸过高、散发着异味，还会出现因氧化或还原导致的不平衡现象。因为深知这些问题，我也深刻地体会到现在真是个好时代，大多数的葡萄酒都可以让人放心饮用。

🍷 现代化酿造技术的出现

　　以前，一部分葡萄酒生产商拥有优质的资源。他们凭经验、熟练度和直觉酿造出很多优质的葡萄酒，但是他们的秘诀和窍门并没有公开，只是由自己所属的集团来继承。随着现代化酿造技术的进步，酿造技术越来越普及，甚至学校里也会教授，所有人都可以学习、实践。

有了先进的酿造技术，即使没有出色的直觉和熟练度的酿酒师，也可以酿造出一款稳定的葡萄酒。当然，要想酿造出一款超凡卓越的葡萄酒，必须要有先进的酿造技术、出色的直觉和熟练度。其实，在酿造酒中，葡萄酒的酿造是比较简单的，只有很少部分需要用到酿造技术。基本流程就是把葡萄破碎，静置后等待发酵，就可以收获葡萄酒了。因此，葡萄酒可以很直观地反映出所用葡萄的香气和风味，这也是果酒的特点。葡萄的品质对于葡萄酒的质量至关重要，可以说"葡萄酒是种出来的"。葡萄之于葡萄酒，就好比麦芽之于啤酒、酒米之于日本酒，原料的品质都极为重要。葡萄酒的好坏全由葡萄品质的优劣决定，这样说一点都不为过。

酿造葡萄酒需要尽量保留葡萄的香气和风味。收获100分的葡萄，才可以酿造出100分的葡萄酒。如果酿造技术不成熟，就会丢失很多精华，收获了100分的葡萄，只能酿造出50分的葡萄酒。一旦葡萄酒氧化，其香气就会慢慢消失，反而会出现一股异味，葡萄酒的芳香感就会大打折扣。100分的葡萄加上完美的酿造技术，可以收获100分的葡萄酒，但是无论多么优秀的酿酒师，都不可能酿造出120分的葡萄酒。同样，如果只是50分的葡萄，不管酿造技术多么完美，都只能酿造出 50 分的葡萄酒，不可能酿造出 80 分的葡萄酒。

　　酿造葡萄酒最重要的就是避开葡萄的缺陷。酿造技术的运用固然重要，但要保留葡萄原有的风味，酿造出超越其品质的葡萄酒是很难的。不过，技术往往是一把双刃剑。很多生产商想要通过优秀的酿造技术，用 50 分的葡萄酿造出 80 分的葡萄酒。因为葡萄的栽培过程复杂，而且成本高昂。葡萄的成熟程度不仅取决于天气，还取决于病虫害。一旦感染病害，其品质便会下降。要想收获高品质的葡萄，必须要花费精力和时间管理，这也需要高昂的成本。但如果没有认真管理葡萄，就会导致葡萄品质下降，多么完美的酿造技术都白搭。

　　现在，有的生产商会将各种工艺手段应用于葡萄酒的酿造。比如，利用反渗透膜浓缩葡萄酒，通过添加橡木的碎屑增加橡木香气以提升葡萄酒的高级感，通过添加单宁让葡萄酒的酒体更加厚重，等等。但这些应用会打破葡萄酒原有的平衡，品酒师在试喝的时候会有所察觉。当然，也有很多品酒师没有任何察觉。比起栽培葡萄时花费的工夫和成本，酿造葡萄酒时修正其缺陷要实惠得多。这不仅可以降低价格，还可以增强市场竞争力。消费者认为这样酿造的葡萄酒对身体无害，而且价格低廉，何乐而不为呢！用适当的价格买到好喝的葡萄酒，对消费者来说，不失为一个很好的选择。如果觉得味道不太好，可以稍微再花点钱购买其他种类的葡萄酒。

浪漫主义的反作用

酿造技术的进步修正了葡萄酒的缺陷。与此同时，也让葡萄酒的生产实现了同质化。以前葡萄的品种和产区不同，只要你试喝的时候留心一点，就会发现明显的差别。但是现在的葡萄酒乍看之下非常相似。这种同质化的生产以及酿造技术的过度干预起了反作用，即出现了拒绝酿造技术的生产商和消费者。生产商希望回归本真，酿造出简单、纯粹的葡萄酒，消费者对此表示支持。他们拒绝"利用改进的酿造技术酿造出的纯净出色、品质稳定但均一单调的葡萄酒"。他们认为古法酿造的、虽有缺点但有个性的葡萄酒更好。因此，社会上出现了一种奇妙的现象，即有人支持有缺点的葡萄酒。他们认为挥发酸、异味、氧化或还原都是遵循自然、古法酿造的产物，没有任何问题。

日本的中世①时期出现了很多的黑暗面，由此引发了浪漫主义思潮。它是产业革命带来的技术进步与科学合理主义的反作用产物。为了美化这些黑暗面，作为酿造技术进步的反作用产物，古法酿造的、最简单纯粹的葡萄酒自然成了憧憬的对象。他们天真、自然，憧憬用最原始的古法酿造葡萄酒，相信引进现代酿造技术之前的社会是一个乌托邦式的理想社会，幻想着可以酿造出

---

① 译者注：日本历史上通常把1192（镰仓幕府的成立）—1603年（江户幕府的成立）称为中世。这段时期是日本武家掌权的时期，开始了日本幕府时代，主要包含镰仓时代、南北朝时代、室町时代和安土桃山时代。

无污染的、干净的葡萄酒。其实，现代酿造技术普及之前，已经有生产商通过最原始的古法酿造技术酿造出纯粹又优质的葡萄酒。现代酿造学只不过是将其普及化、民主化。这样，即使不是有名的酿酒师，也可以酿造出稳定的、纯粹的葡萄酒。

手工制作汉堡也是一样的道理。在家庭餐馆和便利店中，机器制作的汉堡的味道都是均一化的，一旦这种味道占据主导地位，就会增加大家对"手工制汉堡"的憧憬。的确，熟练的师傅制作的汉堡比较好吃，但不熟练的师傅制作的汉堡味道会参差不齐，还不如机器制作的汉堡。机器制作的汉堡，不仅各方面都稳定，而且更加卫生，可以达到整齐划一的水平。

如果市场上销售的葡萄酒都非常完美、没有缺点，那就感受不到人情味。于是，人们开始怀念充满人文气息的、口感参差不齐的、自然酿造的葡萄酒。我真的希望大家可以忍受这些自然酿造的葡萄酒。在我看来，浪漫固然重要，纯粹简单的味道更重要。亨利·贾伊尔虽然只是一名普通的农夫，但他酿造的葡萄酒没有一丝泥土味，反而极其雅致、活泼，款款经典。

🍷 幼稚而拙劣的借口

憧憬酿造无污染干净的葡萄酒的人认为，比起采用酿造技术酿造毫无个性的葡萄酒，那些虽有缺点但用古法酿造的简单自然的葡萄酒更好。

不过，这样的比较本身就很可笑。有的葡萄酒虽然是用酿造技术酿造的，但仍然可以很明显地找出其品种和产区的个性；而有的葡萄酒虽然是用古法酿造的，但却清新雅致、毫无缺点。因此，采用酿造技术的人，应该时时提醒自己要酿造出不失个性的葡萄酒；采用古法酿造的人，应该时时提醒自己要酿造出完美的、纯粹的葡萄酒。

我们不应该把现代酿造、古法酿造这样的个人哲学、姿态作为酿造不完美葡萄酒的借口，而是应该站在各自的立场，酿造出毫无缺点的、充满个性的葡萄酒。

伟大葡萄酒的讽刺命运

　　随着中国等葡萄酒新兴消费国家购买力的增强，一部分名庄葡萄酒的价格开始暴涨。以波尔多五大名庄为例，1989 年和 1990 年这两个年份的葡萄酒，刚开始在日本发售的时候，只花费 1.5 万日元就可以买得到一瓶，而现在一瓶很轻松就突破 10 万日元。仅仅 25 年左右的时间，一瓶价格却增长了近 10 倍。知名香槟的价格也在暴涨。

　　这些葡萄酒已经超越了好喝的酒精饮料的范畴，而成了全世界都渴望的奢侈品牌。即使对葡萄酒毫无兴趣的人，也会像购买 LV 包一样，购买这些知名的葡萄酒。当然，葡萄酒庄非常满足，把获得的巨额利润用来购买酿造设备，进行再投资，以便更加努力地提高葡萄酒的品质。为提高品质而做的努力，不会让人觉得可惜，反而让人敬佩。

　　即使原本一瓶 1.5 万日元的葡萄酒价格暴涨到超过 10 万日

元，其味道未必会提高 10 倍，但想喝名庄葡萄酒的消费者却暴增。而且新增的消费者的购买力和购买欲望都非常高，但他们往往缺乏葡萄酒相关知识。因此，他们只购买名庄的葡萄酒。比如，波尔多的十大葡萄酒庄，其人气之高让人惊叹。不过，一旦达到这样的价格，大多数普通的葡萄酒爱好者就不再购买。倒不是因为价格的急剧上涨，而是因为市场上还有其他同样好喝的葡萄酒，有它们就足够了。

因此，理论上讲，五大名庄的葡萄酒以及昂贵的香槟大多数都被对葡萄酒不感兴趣的人饮用。他们不是想喝好喝的葡萄酒，而是想喝名庄的葡萄酒。据说，仅仅是五大名庄葡萄酒的一个空瓶，在有的地方能卖接近 1 万日元。重要的不是里面的东西，而是标签。这毕竟是经济活动，对此我并没有抱有特别的想法。不过，为了把葡萄酒的品质提高到极限而投入巨大的资本与努力，品质虽然提高了，却被对品质不感兴趣的人饮用。这一矛盾的结果不免让人感到一丝徒劳。

酿酒生意背后的资金支持

酿造葡萄酒是一种花费大量金钱的经济活动。管理好葡萄园需要很多的劳动力；要生产高品质的葡萄酒很难采取机械化作业，需要手工作业；随着酿造设备的更新，为提高品质必须大量购买设备。所以不管葡萄酒庄酿造出多好的葡萄酒，如果不能以获得利润的价格售卖，过不了几年就会破产。还有的人在其他行业取得了成功，作为兴趣而加入葡萄酒行业，但进展得不顺利，仅仅几年就撤出了。这样的例子也是数不胜数。

其实，酿造葡萄酒与制作电影非常相似。电影制作也需要大量的人力和资金。如果没有获取利润，那下一部电影就没法制作。这与小说、绘画有很大的差别。小说可以一个人创作，绘画也可以一个人完成。当然，这需要保证最低限度的墨水、纸以及绘画材料，还需要保证自己可以生存下去。这样即使创作的小说、绘画售卖不出去，也可以继续进行创作。实际上，也有很多和凡·高一样的画家，他们生前创作的绘画完全售卖不出去，过着贫穷的生活，一辈子籍籍无名直到去世，去世后反而名满天下。但电影制作行业完全相反，如果电影上映后业绩惨淡，几乎没有人会继续从事电影制作。

人们之所以会把目光转向葡萄酒行业，是因为他们从葡萄酒的酿造中感受到了浪漫。虽然葡萄酒的销售非常平淡乏味，但却与葡萄酒的酿造同等重要，不，甚至比它还重要。

每个国家的喜好都各不相同

对于葡萄酒来说，符合饮用者的喜好才是最重要的。葡萄酒有不同的种类，每个种类都有各自的爱好者。

在欧洲，葡萄酒常见于餐桌，与人们的日常生活息息相关。当你问他们哪种葡萄酒比较好时，他们会说："喜欢贴近自己饮食种类的葡萄酒，它就好像在耳边低声私语一样。"在美国，除吃饭以外，人们也经常喝葡萄酒。他们喜欢有存在感的、个性强烈的葡萄酒。如果用人来比喻葡萄酒，或许是像奥黛丽·赫本那样身材纤细、优美高雅的葡萄酒，抑或像玛丽莲·梦露那样性感、漂亮、极富魅力的葡萄酒。

实际上，欧洲与美国的批评家把爱好区分得太过明显，也因此而经常引发争论。欧洲的传统主义者对在美国广受好评的波尔多葡萄酒持反对意见。他们极力反驳说："这种香气浓郁的、酒精度数高的葡萄酒已经失去波尔多特色了"。在生产商看来，只要充分利用好产区的葡萄进行酿造，就可以酿造出任何种类的葡萄酒。而批评家强迫别人接受自己喜欢的葡萄酒是极其不讲理的。他们甚至反驳说："传统的日本人都是黑色头发，你染了金色头发会很可笑。"这样的反驳，在我看来，多少有些滑稽。随着时代的变化，人的爱好也会改变。即使你对此有不同的看法，面对面直接指责也不是正确的态度。

英国人喜欢成熟的葡萄酒。比起充满朝气的、果香浓郁的红葡萄酒，他们更喜欢带有像雪茄、香烟、甘草、香料、皮革等陈酿香气的红葡萄酒。也有生产商专门酿造面向英国市场的、带有陈酿香气的葡萄酒。英国人喜欢很辣的、带有强烈味感的起泡酒，以前就有生产商特别酿制了一款英国人喜欢的葡萄酒，上面标有"专供英国"的字样。

法国人重视葡萄酒的丝滑、柔顺、圆润、优美。入口细腻丝滑是他们对葡萄酒的最高评价。意大利人喜欢张弛有度的葡萄酒，他们既喜欢北部（尤其是皮埃蒙特）酸度很强的葡萄酒，又喜欢南部轻松惬意（往差一点讲就是愚蠢）的葡萄酒。

稍微偏离一下话题，其实，人们对于食材的喜爱也有很大的差别。现在全世界都掀起了日本料理热潮，很多人都开始生食鱼肉。很久以前，欧洲人是不生食鱼肉的。只有意大利南部是极少数的例外，他们很早就有生食沙丁鱼、海胆、虾的习惯。意大利南部人最喜欢的是带有浓郁海味的海胆和虾，尤其是小小的红色海胆，一想到它们喝着海水长大，就觉得海味浓郁。新鲜的海胆加点柠檬用汤勺舀着吃，或者把它们拌到意大利面里吃，都非常美味，而日本人却认为这种带有浓郁海味的海胆属于差品。在他们看来，那种奶油般的、带有淡淡海味的海胆才是极品。每个国家的喜好都各不相同，意大利人喜欢吃短的意大利面，而日本人则喜欢吃实心的、细长的意大利面。所以，日本人去意大利的餐馆就餐时，即使菜单上写的是短意大利面，他们也会拜托店家来一份细长的意大利面。意大利人头脑灵活，善于随机应变，对于日本人的请求，不会辩解说："我们的酱汁不适合细长的意大利面，我们只提供短意大利面。"他们通常都是爽快地答应。这样客人也会非常满足，毕竟吃到自己喜欢吃的东西才是最重要的。

当地的气候对于葡萄酒的影响也非常重要，意大利和法国都有非常好喝的葡萄酒，结果在日本喝就会大失所望。多数情况下，其口感与每天都可以买到的、便宜的葡萄酒别无二致。有的人在意大利很喜欢色彩鲜艳的衣服，结果买回来一穿，就会发现它在日本微弱的阳光下显得特别突兀，给人一种格格不入的感觉。在不同的风土下，人们对每个东西的印象也各不相同。

我是 20 世纪 80 年代开始喝葡萄酒的，当时波尔多葡萄酒在日本非常受欢迎。但是近年来，我感觉日本的勃艮第葡萄酒爱好者逐渐增多了。有一段时间，日本人还非常喜欢浓郁饱满的加利福尼亚州葡萄酒，不过现在其热度好像减了不少，整个日本的喜好都在发生变化。当然，这些葡萄酒没有优劣之分。

中国人喜欢厚重的、充满力量的、橡木香气浓郁的葡萄酒。

虽然有的人不懂装懂，觉得这样的葡萄酒不够讲究，会给人一种未成熟的感觉，我却非常期待，心生憧憬。虽然上了年纪的人会非常讲究，但同时也会丧失了活力。我非常羡慕浓郁型葡萄酒在中国市场的势头，以及中国人行事洒脱的态度。当看到大口吃肉的年轻人时，这种感觉就会愈发强烈，也愈发憧憬，还会情不自禁想起自己年轻的时候。在我看来，只有浓郁型葡萄酒，才能配得上充满能量的、闪耀着光芒的中国。

英国人喜欢成熟的葡萄酒，日本的勃艮第葡萄酒爱好者逐渐增多，让我感觉到国家的成熟与缓慢的衰退两者的重合。20世纪 80 年代的时候，我非常喜欢那种有势头的、迸发出力量的葡萄酒。现在我已经不再年轻了，开始喜欢成熟、稳重的葡萄酒。当然，我并不认为自己是更加讲究了，只是喜好有了改变，仅此而已。

第 5 章

为了更好地享用葡萄酒，你应该知道的事情

选择第一瓶葡萄酒时，你应该知道的基本品种

如果你对葡萄酒的产区及酒杯以外的东西不感兴趣，只是想给日常生活添加点色彩而寻找好喝的葡萄酒，那么从葡萄酒的品种出发进行研究是最为安全、快捷的方法。如果找到符合自己口味的品种，几乎可以准确无误地得到自己想要寻找的东西。要想找到葡萄酒品种的特点，比起欧洲的传统产区，新世界（如加利福尼亚州、智利、南非等）的葡萄酒或许更符合你的预期，因为新世界葡萄酒的酒标上标有品种名。

对欧洲的生产商来说，产区比品种更重要，所以他们认为明确记录品种的特点未必是好事。而新世界的生产商会酿造出明显体现品种特点的葡萄酒（尤其是低价格区，这种倾向更为强烈），来满足消费者的需求。他们一直以此为目标并不断努力着。

因此，如果你要寻找像霞多丽这样品种的白葡萄酒，不要去

勃艮第，最好去新世界。当然，勃艮第的白葡萄酒虽然非常好喝，但比起霞多丽的品种风味，默尔索、普里尼蒙哈榭等产区的产地气息更加突出。

🍷 霞多丽（白）

霞多丽是在世界各地都可以栽种的葡萄品种，其葡萄酒的种类也很多，在超市可以很容易购买到。而且，在智利等地，霞多丽的价格非常便宜。霞多丽的魅力在于酒体相对饱满，尤其是新世界炎热产区酿造的霞多丽，因其带有菠萝等热带水果的芳香，再加上其浓郁的香气，深受喜欢白葡萄酒的人的喜爱。特别是橡木桶陈酿之后，它的醇厚感也会增加。

此外，霞多丽本身香气淡雅，芳香属性为中性，所以在不同的产区可以表现出不同的风格特点。勃艮第的白葡萄酒几乎都是用 100% 的霞多丽酿造的。勃艮第这样凉爽的产区酿造的葡萄酒酸度爽口，且富含矿物质味，非常清新纯净。

夏布利的霞多丽就表现得非常优秀，它与新世界的葡萄酒相比，更加纤细。夏布利的霞多丽白葡萄酒带有典型的夏布利产区的特点，精致、高贵、酒体丰满，价格相当昂贵。如果你想喝价格适中又充满紧实感的白葡萄酒，那我推荐你选择新世界的霞多丽白葡萄酒。如果你把它冰镇一下，也可以感受到它的冷冽清爽。

长相思（白）

霞多丽的芳香属性为中性，没有特别明显的特点；而长相思香气逼人，仿佛要溢出酒杯，因此被归为芳香型品种。"夏季割青草时散发的香气"是长相思的典型香气，让人感受到一种青草的绿色气息。如果采用成熟的长相思酿造的白葡萄酒，则会带有菠萝、杧果等热带水果的香气。有时候，它还会散发出麝香气味，让你想起了古龙香水。在极端的情况下，长相思还会出现类似"猫尿"的特殊香气。

虽然酒标上记录着品种的名字，但由于长相思的独特香气，即使不看酒标，也可以很快猜出它的名字。如果要玩一个猜品种名的游戏，长相思的名字应该是非常容易猜到的吧。它的味道清新张扬，酸度十足，喝过之后让人心情愉悦。如果你喜欢喝口感清新、香气丰富的白葡萄酒，那我推荐你选择长相思。

波尔多的白葡萄酒（与红葡萄酒相比，产量要少）也会采用长相思葡萄（很多情况下，会和赛美蓉葡萄混酿），但人们在喝的时候很难感受到它的品种特点。如果与其他葡萄酒混合着喝，根本猜不到这就是长相思。有的波尔多的白葡萄酒售价近20万日元一瓶，售价越高，其特点越难表现出来。如果用欧洲人那种冒充内行的价值观来评判，这些昂贵的白葡萄酒恐怕属于"差品"吧。

雷司令（白）

对于喜欢酒体纤细、口感清爽的葡萄酒的人来说，雷司令是非常好的选择。它没有其他葡萄酒的浓郁口感和厚重感。雷司令喜欢凉爽的气候，德国的摩泽尔、莱茵高以及法国的阿尔萨斯都是有名的雷司令产区。此外，奥地利、意大利北部、澳大利亚等地也可以种植出很好的雷司令。雷司令白葡萄酒的特点就是它可以散发出淡淡的清香，仿佛盛开的白色小花，而且口感紧实、清冽酸爽，余味悠长。最好的雷司令酸度很高，即使稍微有点甜味，也完全感受不到甜腻，反而散发出一种绚丽的香气。对于喜欢微甜口的葡萄酒的人来说，雷司令白葡萄酒是一个很好的选择。

虽然稍微有点辣味的雷司令白葡萄酒在全世界的评价很高，但它却非常便宜。我经常在法兰克福机场的免税店里购买雷司令，即使是有名的酿酒师酿造的葡萄酒，也仅需 10 欧元一瓶，而且非常好喝。与勃艮第等的葡萄酒相比，这非常划算。在温度和湿度都很高的夏夜，来一瓶冰爽的雷司令，就如同登山后喝一口山泉水，清凉感十足，瞬间就被治愈。雷司令白葡萄酒带有浓浓的"北国"风味。

黑皮诺（红）

如果有人问："世界上最高贵的酿制葡萄酒的葡萄品种是什

么？"肯定会有很多人回答："黑皮诺吧。"勃艮第的红葡萄酒几乎都是采用 100% 黑皮诺酿造的。勃艮第红葡萄酒精致高贵的香气和口感，都来源于黑皮诺与勃艮第产区独一无二的结合。

如果把黑皮诺栽培到其他产区，绝对不会有像勃艮第红葡萄酒一样的风味。新西兰以及俄勒冈州的黑皮诺也非常有魅力，但它们会带有覆盆子的香气，与勃艮第的完全不同。黑皮诺的风味真实反映了其产区的特点。如果你喜欢勃艮第的红葡萄酒，就不要用其他产区的黑皮诺替代，因为根本替代不了。这是勃艮第葡萄酒在市场上占有绝对优越地位的原因。如果你喜欢勃艮第的红葡萄酒，无论多么昂贵，你也要只买勃艮第的。遗憾的是，勃艮第的红葡萄酒都不便宜。不过，对迷恋其魅力的人来说，这应该是最大的幸福吧。

黑皮诺抗病性弱，栽培困难，收获也不稳定，导致其价格昂贵。即便如此，全世界想挑战黑皮诺的生产商依旧络绎不绝。不管是消费者，还是生产者，都会被黑皮诺深深吸引。黑皮诺葡萄酒带有红色浆果、红色花朵以及香料混合在一起的层次丰富的香气，纤细高贵，口感细腻，入口如丝绸般柔顺丝滑。黑皮诺葡萄酒酒体轻盈，酸爽自然，没有厚重感。因此，对于喜欢"厚重感的葡萄酒"的人，我不建议购买。对于喜欢醇厚的葡萄酒来说，黑皮诺并不合适。

经常有暴富的大叔请年轻女子喝罗曼尼康帝红葡萄酒，但听说反响不太好。从某种意义上讲，的确如此。虽然罗曼尼康帝是一款具有完美融合性的顶级葡萄酒，但其色泽不够浓艳，毫无厚重感。虽然它精致丰润，却一点都不能打动那些喜欢"厚重型葡萄酒"的人。我在吃烤肉的时候，由于搭配的酱汁满是香辛料的味道，所以我不喜欢搭配勃艮第的红葡萄酒，醇厚的葡萄酒才是烤肉的绝配。而对于鸡肉这样纤细的肌理细腻的食材，黑皮诺就是绝好的搭配。黑皮诺品种高贵，同时也不容易买到手，所以要找到一款性价比高的葡萄酒是非常困难的。

🍷 赤霞珠（红）

与黑皮诺相比，赤霞珠是一个抗性较强的品种。赤霞珠的特点在于其酒体紧实、收敛感十足、带有浓郁的、黑色浆果的香气、单宁粗涩且含量丰富。当然，产区不同，香气与风味也各不相同。与黑皮诺不同，无论把赤霞珠栽培到什么地方，其特点都会体现在葡萄酒中，让人一喝就知道这是赤霞珠。从某种意义上讲，赤霞珠是一个个性与特点极其鲜明的品种。

赤霞珠是波尔多（尤其是左岸）的主要品种。在波尔多基本上采用赤霞珠与品丽珠、梅洛的混合酿造，很少出现100%采用赤霞珠酿造的葡萄酒。在以赤霞珠为主体的波尔多，单宁略带青涩感的葡萄酒是非常有魅力的，但也有人不喜欢这样的葡萄酒，认为这种青涩感是单宁未完全成熟的标志。我个人认为，这种青涩感是波尔多红葡萄酒的精髓。正是因为这种青涩感的单宁的存在，波尔多的红葡萄酒才具备了长期陈酿的能力，具备了陈年的潜力。反过来说，如果 30 年左右未成熟，那么就说明它无法成熟了。

受地球温室效应的影响，气候逐渐变暖，再加上酿造技术的改进，现在的波尔多红葡萄酒即使在其青涩年轻的时候饮用，也是非常好喝的。不过，在它年轻的时候饮用，仅仅是好喝的葡萄酒而已；而过 30 年再饮用的话，就会成为"优质的葡萄酒"。因此，花高价买来的葡萄酒，如果未成熟，会有一种浪费的感觉。当然，如果你不介意，那完全没有问题。

即使同为赤霞珠，在美国加利福尼亚州、澳大利亚等炎热的产区，因为单宁完全成熟，青涩感就完全消失了。虽然单宁圆润、口感醇厚的赤霞珠非常好喝，但与波尔多的红葡萄酒相比，稍微有点缺乏情趣。智利、南非等地的赤霞珠也是如此。

赤霞珠常常会让人有一种"丰满感"，很少会让人失望。全世界的人都很喜欢它。虽然其价格不同，但都会带给人一种与所售价格相匹配的满足感。

梅洛（红）

如果黑皮诺是最高贵的品种，那么梅洛就是最性感的品种。梅洛会瞬间释放魅力，不像黑皮诺和内比奥罗那样"装腔作势"。它有着如同蓝莓般丰富的浆果香，而且单宁柔和，酒体丰满，口味甘美，酸度较低，深受所有人的喜爱。即使是喝不惯葡萄酒的人，也会立马喜欢上它。波尔多右岸的波美侯等产区所产的梅洛红葡萄酒更具复杂性，酒体更加丰满。

梅洛"瞬间释放其魅力"的特点是一把双刃剑。在波尔多左岸的葡萄酒的魅力还没有完全释放的时候，右岸的已经完全释放，并且收获了世界的喜爱。即便如此，葡萄酒专家仍然会接受来自普通大众以及葡萄酒初学者的无心批判。不过，这有点不合道理，虽说梅洛富有魅力，但不是明星品种。但如果你认为这与"虽然是个美女，但没能成为有名的女演员"是一样的道理，你就大错特错了。

我喜欢波美侯的梅洛红葡萄酒。它虽然带有非常性感的果味，但不是差品，反而最大限度地保留了自己的香气和味感，这一点非常有魅力。美国加利福尼亚州、智利等炎热产区的梅洛红葡萄酒，果香更加浓郁，有一种浓缩果汁的魅力。对于喜欢浓郁葡萄酒的人来说，恐怕会欲罢不能吧。有很多美国记者对这样的葡萄酒评价极高。从某种意义上讲，它们处于与勃艮第的红葡萄酒完全相反的位置。喜欢浓郁型葡萄酒，但又接受不了赤霞珠的青涩味的人，我推荐你选择梅洛，其口感柔和，酒体饱满，一定能让你感到满足。

西拉（红）

西拉是原产于法国罗讷河谷的品种，其果实呈深红色，带有黑胡椒等香料的香气，充满野性的味道，极富魅力。西拉是一种粗野的品种，之前酿酒师都用它弥补其他葡萄酒的缺陷，现在它有了专属于自己的身份。在澳大利亚、美国加利福尼亚州等炎热的产地，西拉的酒精度偏高，散发着可可和桉树的芳香，充满了力量。如果说勃艮第的黑皮诺非常精致，那么罗讷河谷的西拉就是粗野型葡萄酒的代表，充满野性的魅力。在法国的葡萄酒中，西拉可以让人感受到"南方的味道"。

新世界的西拉口感醇厚，但也能感受到一种清新的风味，要是搭配着香料味的肉类菜肴，那感觉别提多爽了。

🍷 内比奥罗（红）

巴罗洛和巴巴莱斯科是意大利代表性的红葡萄酒品牌，它们采用的葡萄品种就是内比奥罗。它高贵的香气会让我们想到黑皮诺，带有干玫瑰花、覆盆子、樱桃、香料的混合香气，优美又复杂。它的口感与黑皮诺完全不同，单宁和酸度极高，又涩又酸，喝不惯的人或许会有点恐惧它。瓶装葡萄酒经过 10 年左右成熟后，单宁会愈发成熟精致，口感细腻丝滑，如同天鹅绒一般。不过，在现代生活中，恐怕很少有人有耐心等待 10 年，让葡萄酒成熟吧。

由于内比奥罗的单宁含量高，果香浓郁，如果搭配油脂较高的肉类菜肴，不仅葡萄酒更加好喝，肉类菜肴也会更加可口。

内比奥罗是一个非常难管理的品种，只在意大利西北部的皮埃蒙特（和伦巴第州的一部分）等少数地区才能表现出最佳品质。虽然其他的产区也可以生产出好喝的内比奥罗红葡萄酒，但味道平淡无奇，缺少了皮埃蒙特内比奥罗葡萄酒高贵的贵族特性。一般来说，内比奥罗用单一的葡萄品种就可以酿造。它可以真实地反映出产区的特点，天生的高贵与难以管理的特性搭配绝妙，深受葡萄酒专家的喜爱。

内比奥罗可以真实地反映出产区的特点，再加上其高贵的香气和风味，与勃艮第葡萄酒产区的特点非常相似。现在，全世界的勃艮第葡萄酒爱好者都在热切关注着内比奥罗。

🍷 桑娇维塞（红）

如果说内比奥罗是著名葡萄酒产区皮埃蒙特的代表品种，那么桑娇维塞就是皮埃蒙特的竞争对手托斯卡纳的代表品种。桑娇维塞是典型的黑葡萄品种。它香味浓郁，带有紫罗兰花、樱桃、红色浆果的混合香气。它酸度偏高，单宁紧实，不像内比奥罗那样强烈，非常高雅。

栽培的土地不同，桑娇维塞的特点也各不相同。在靠近内陆山区的经典基安蒂地区，桑娇维塞的口感清新，精致优美；在靠近南部沿海的蒙达奇诺地区，桑娇维塞会有一种泡过烈性酒的樱桃及地中海香草的味道，雄浑有力。

与内比奥罗相比，桑娇维塞会给人一种轻柔、绚丽的感觉，再配上简单的炭火烤肉，味道好极了，与烤鸡肉、烤猪肉也都是绝配。现在，也有价格比较便宜的桑娇维塞，值得一试。

🍷 如果你不知道第一瓶葡萄酒该怎么选择

或许你比较纠结哪个葡萄酒的品牌或生产商比较好。说一句不怕误解的话，如果是新世界的、低价格带品种的葡萄酒，无论生产者是谁，都没有太大的差别。它们并没有表现出生产商或者产区的个性，只是尽可能忠实地表现出品种的特点，所以都非常相似。

这与连锁店的牛肉饭、牛肉汉堡都差别不大是一样的道理。当然，或许不同的店家会有微妙的差别，但味道几乎是相同的。不过，有名的餐馆的"高级松阪牛经典牛肉饭"与一般的牛肉饭确实相差甚远。如果你想快速掌握牛肉饭的制作要领，建议你去连锁店看看。虽然连锁店的牛肉饭没有什么个性，却可以给很多人带来梦寐以求的牛肉饭的味道。

葡萄酒的世界里不仅仅只有红和白

世界各地有无数种类的葡萄酒，大致可以分为 5 大类。不过，也有很多葡萄酒是无法分类的，绝大多数的桃红葡萄酒与红葡萄酒很相似。当然，也有的红葡萄酒味道很淡，与桃红葡萄酒很相似。有的葡萄酒"看起来很甜，实际上一点都不甜"（多数在阿尔萨斯和德国）；有的葡萄酒餐后喝的时候不甜，但搭配普通的饭菜时，会有丝丝甜味，其味道"微妙"，如同在享受法式鹅肝。有的白葡萄酒力量强劲，不适合搭配鱼类菜肴，更适合搭配肉类菜肴。因此，对于葡萄酒的分类，只能是大致分类，而不能严格分类，希望大家可以不受约束地自由地享受葡萄酒。

♀ 白葡萄酒和红葡萄酒

白葡萄收获之后立即进行压榨，去除果皮、果梗（果蒂及果柄的部分）、果籽，只发酵果汁，就会收获白葡萄酒。黑葡萄收获之后，只去除果梗，把果汁、果皮和果籽一起发酵，就会收获红葡萄酒。桃红葡萄酒大致有两种酿造方法：其一，为了得到果汁，在压榨葡萄粒的时候，待少量果皮内的色素渗出，酒色呈淡粉色之后，再与酿造白葡萄酒时一样，只发酵果汁便可；其二，一开始与红葡萄酒的酿造方法一样，把果汁、果皮和果籽一起发酵，待酒色变淡之后，去除果皮和果籽。

白葡萄酒的发酵使用不锈钢罐，陈酿之后会明显散发出葡萄品种的香气和风味，非常轻快且充满活力。不使用橡木桶发酵的白葡萄酒的最大优点在于其味感清爽，口感清新。使用橡木桶发酵的白葡萄酒在陈酿之后，其酒体厚重、香味浓郁、强劲有力。橡木桶浸出的香草、蜂蜜等的香气，增加了葡萄酒的层次感，对于喜欢醇厚白葡萄酒的人来说，这是最好的选择。

没有经过橡木桶陈酿的白葡萄酒，与生鱼片、寿司、海鲜意大利面等是最佳搭配；而使用橡木桶陈酿的白葡萄酒，与奶油沙司白汁鸡肉、海鲜汤等味道稍微浓重的菜肴是最佳搭配。没有经过橡木桶陈酿的红葡萄酒，带有新鲜的红色浆果、樱桃等的香气，口感爽快，味道清新，单宁含量也不高；而使用橡木桶陈酿的红葡萄酒，香味浓郁，味感协调，适合搭配肉类菜肴。

只用红、白葡萄酒搭配任意菜肴的方法

以前在欧洲，红葡萄酒是绝对的主角。像波尔多、勃艮第、皮埃蒙特、托斯卡纳、拉里奥哈等著名产区，除勃艮第外，其他

都是红葡萄酒产区。在托斯卡纳、皮埃蒙特，甚至有很多消费者只喝红葡萄酒。然而，近年来，随着欧洲人的饮食越来越清淡，白葡萄酒越来越受推崇。不过，有很多人不是只喜欢喝白葡萄酒，他们往往在最后还想要喝一杯红葡萄酒。如果没有红葡萄酒，就如同正餐中缺少主菜，让人无法接受。因此，最后他们在吃完奶酪后，一定要喝一杯红葡萄酒。对我来说，最后喝一杯红葡萄酒，会大大增加自己的满足感。

在意大利托斯卡纳的海岸地带有一个叫作保利格的小镇，那里盛产波尔多品牌的名贵红葡萄酒。保利格毗邻第勒尼安海，那里的鱼非常美味。因为我总是去鱼类餐馆吃饭，在那里认识了热情的葡萄酒生产商，并且喜欢上了他们的享用方法。他们一开始就点一杯白葡萄酒和一杯红葡萄酒，白葡萄酒用来搭配鱼类菜肴，红葡萄酒则在中间休息时享用，然后，他们把两个酒杯并排放一起，等鱼类菜肴上菜的时候就喝白葡萄酒，中间聊天的时候就喝红葡萄酒。这样就没有了"若无红葡萄酒，就无法结束吃饭"的烦恼。日本人的餐桌上也会摆放着蔬菜、鱼、肉等各式各样的饭菜。如果也在餐桌上同时摆放白葡萄酒和红葡萄酒，完全凭借自己的心情决定喝哪一种，我觉得应该非常不错。

▼ 桃红葡萄酒

近年来，桃红葡萄酒的销量急速增长。在法国，它的消费量都超过了白葡萄酒。桃红葡萄酒的魅力在于酒体轻盈、味道清新、口感爽快，适合搭配所有的饭菜。尤其是近年来受地球温室效应的影响，夏季越来越炎热，人们不喜欢在这个季节喝红葡萄酒。由于桃红葡萄酒清新爽快的特点，即使在炎炎夏日也可以享用，不仅是鱼类菜肴，肉类菜肴也是其绝好的搭配。

休假的目的在于身心放松。此时如果给你一杯红葡萄酒，要求你集中注意力品尝。因为品尝红葡萄酒时，如果注意力不集中，你就很难品尝出它的风味。比起红葡萄酒，想必你会选择桃红葡萄酒吧。因为桃红葡萄酒只需要享受，不需要"任何思考"。

如果在屋外餐桌的遮阳伞下放置一瓶冰镇桃红葡萄酒，你的心情肯定是"忘记工作，放松，放松"。你自己都会觉得不可思议吧。桃红葡萄酒之于夏季，如同蚊香和烟花之于夏季，好好感受桃红葡萄酒带给夏季的独特味道吧，因为桃红葡萄酒是夏季的最佳搭配。

橙葡萄酒

近年来，橙葡萄酒正在成为热潮。它与红葡萄酒的酿造过程是一样的，把白葡萄连同其果皮、果籽一起发酵后，就会收获橙葡萄酒。即使在发酵结束后，仍需要带皮浸渍，以进一步萃取果皮中的色素。因为白葡萄的果皮中含有多酚，带皮发酵可以把果皮中的多酚萃取到葡萄酒中，还可以加深葡萄酒的颜色。这样才可以生产出果香浓郁的橙葡萄酒。与红葡萄酒一样，橙葡萄酒的最佳饮用温度为 14 ~ 16℃。

橙葡萄酒可以让人感受到日本酒和食物百搭的"好处"，那些与白葡萄酒和红葡萄酒不搭配的菜肴，如盐渍水产食品、海参肠、鲫鱼寿司等，橙葡萄酒都可以搭配，而且是唯一可以搭配的葡萄酒。

橙葡萄酒需要较长的浸皮时间，从 3 天到 1 年不等。时间越长，越接近红葡萄酒。时间不同，葡萄酒的颜色也不同，介于橙色与琥珀色之间。橙葡萄酒在日本有着超高人气，特别受日本人的喜爱。

起泡葡萄酒

起泡葡萄酒的消费在全世界范围内都在增长。目前，全世界范围内的饮食逐渐清淡化。比起厚重的红葡萄酒，与清淡饮食搭配的、清爽的起泡葡萄酒越来越受欢迎。

消费者的味觉发生了变化，以前都吃味浓油腻的饭菜，而现在都更偏爱清淡健康的饭菜。20 世纪 80 年代的波尔多，人们把甜贵腐的苏玳葡萄酒作为餐前酒，搭配煎鹅肝和果酱一起食用。这样的搭配，味道非常浓郁，让人无法想象。而现在，人们会把香槟作为餐前酒饮用。

起泡葡萄酒最常见的酿造方法就是往酿造好的葡萄酒中加入糖和酵母后密封保存，进行二次发酵。伴随着发酵，糖分逐渐分解，产生二氧化碳。因为二次发酵是在密封的环境中，产生的二氧化碳无处可逃，便溶入酒中，进而收获起泡葡萄酒。

起泡葡萄酒如果在瓶内进行发酵，就叫作瓶内二次发酵起泡葡萄酒。以前采用的是香槟法，香槟产区之外叫传统方法。这种传统工艺的酒精发酵，需要 2 周到 1 个月的时间，葡萄酒与发酵后产生的气泡在瓶内成熟需要 2～10 年。死酵母细胞产生的氨基酸等各种物质会转移到葡萄酒中，这样葡萄酒就会变得复杂，增加了烤杏仁、酵母、烤面包的香气。瓶内二次发酵起泡葡萄酒的味感和酒体都更加丰满，香气持久，适合搭配相对高端的菜肴。

不过瓶内二次发酵起泡葡萄酒需要花费劳力、时间、金钱，也有更省事的方法，即罐内发酵法。所谓罐内发酵，是指把原来在瓶内进行的二次发酵换成在一个很大的密封罐内进行发酵。二次发酵后产生的气泡与葡萄酒的接触时间只有短短的 3～6 个月。采用罐内二次发酵法，发酵产生的香气很少，只是保留了葡萄原本的香气，适合香气魅力十足的品种。普罗塞克起泡酒就是其中的典型代表。它有着超高的人气，现在年生产量高达 6 亿瓶。罐内二次发酵起泡葡萄酒的魅力在于气味清新，口感细腻丰富，能让大家身心放松，开怀畅饮。它清爽新鲜果香的特点，是餐前酒的不二之选。当然，瓶内二次发酵的起泡葡萄酒想必也是大家餐桌必备的佳酿吧。

近年来，祖传起泡酒酿造工艺受到人们的关注。以前的香槟酿造工艺会把瓶内二次发酵起泡葡萄酒产生的死酵母去除，而祖传酿造工艺不需要去除气泡，让其自然完成发酵后销售。与传统方法一样，不要让它长时间成熟，发酵完成后的第二年春季便可销售。发酵产生的气泡含有糖分，即使未成熟时喝了，也不会让人不愉快。香槟等葡萄酒一般用于正式的派对、浪漫的晚宴。如果使用的葡萄酒是浊酒，就会大大减少派对或者晚宴的气氛，所以会去除气泡后再销售。而祖传酿造工艺会保留气泡，让其自然发酵，就是为了最大限度地保留葡萄的香气和味道，比起外观，这种工艺更重视内在。这种方式酿造的起泡葡萄酒，清爽中带有甜味，非常适合搭配各种菜肴，尤其是生火腿和萨拉米香肠，简直是绝配。

喜欢祖传酿造工艺酿造的起泡葡萄酒的人，一般有两类，他们都有各自的主张：一类爱好者主张慢慢地、静静地把气泡聚积在瓶底的葡萄酒倒入酒杯，这样可以很好地看到葡萄酒上面透明的澄清层，他们更重视清洁感；而另一类爱好者主张好好享受祖传酿造工艺酿造的起泡葡萄酒，毕竟发酵后的气泡才真正浓缩了葡萄酒的甜味，因此在开瓶之前，要充分摇匀，让瓶内的气泡飞舞，在葡萄酒完全混浊的状态下享受其最真实的味道。

🍷 甜葡萄酒

甜葡萄酒也有着悠久的历史。法国的苏玳及巴萨克贵腐葡萄酒、德国的冰葡萄酒及逐粒枯葡萄精选贵腐酒、意大利的圣酒、西班牙的佩德罗西门内，都是著名的甜葡萄酒品牌。

以前，人们去高级餐馆用餐，餐后都会来一杯甜葡萄酒。现在甜葡萄酒的消费骤减，主要是因为现在人们的生活不再艰苦。

30 年前，在西班牙南部地区和意大利南部地区，人们要花 3 小时左右的时间吃午餐，午餐后会午休。午休的时间很长，等到店铺再营业的时候，已经是傍晚五六点钟了。那样慢节奏的生活，人们一般会在餐后来一杯甜葡萄酒，边喝边聊天，享受休闲放松的生活。1993 年，欧盟（European Union，EU）成立。意大利、西班牙等国的生活节奏也开始参考欧洲，一下子变得忙碌起来，也就没有多余的时间去享受甜葡萄酒带来的乐趣。

实际上，我也试喝过甜葡萄酒，其复杂且充满魅力的特点让我感动。但如果有人问我日常生活中什么时候适合喝甜葡萄酒，我认为几乎没有什么机会。这也是实情，恐怕甜葡萄酒会成为濒临消失的文化遗产吧。

细菌感染是软木塞永远的痛

从传统上讲，葡萄酒一般都是装在玻璃瓶中，然后再塞上软木塞。不过，软木塞[1]可能会因为细菌感染而造成污染[2]。一旦软木塞被污染，瓶内葡萄酒的香气和味感都会受到严重影响，致使葡萄酒的质量劣化。

在餐馆点昂贵的葡萄酒时，侍酒师会非常恭敬地拔出软木塞，之后帮顾客试喝。这样做的主要目的就是确认软木塞是否感染了细菌。一旦感染细菌，葡萄酒就有了缺陷。此时，他们会免

---

[1] 软木塞感染细菌的比例现在约为1%，我10年前从事《葡萄酒指南》编写工作的时候约为3%。

[2] 译者注：因为制作软木塞的原料中常常带有天然的霉菌（如酵母菌、青霉菌、曲霉菌和灰葡萄孢菌）。当这种霉菌在流转过程中接触到含氯的清洁剂、木材防腐剂或杀菌剂时，便会与其中的酚类化合物或氯化物反应产生三氯苯甲醚（trichloroanisole，TCA）。TCA达到一定含量后，会影响葡萄酒的风味，甚至污染酒液，因此我们也称之为"软木塞污染"。受污染的葡萄酒会失去其原有的花香和果味，风味寡淡，严重时还会有腐朽发霉和潮湿纸板的气味。

费帮顾客更换一瓶新的。为慎重起见，在此我补充一句，如果顾客试喝后的味道并非是他所期待的，侍酒师是不会以此为由免费帮客人更换新的。免费更换仅限于葡萄酒有缺陷，也就是细菌污染。

在餐馆遇到细菌污染的情况，侍酒师可以帮顾客免费更换新的，这完全没有问题。但如果是自己购买的葡萄酒，就会比较麻烦。如果自己购买的葡萄酒确实感染了细菌，可以告知购买的商店帮忙更换，但必须要把感染了细菌的葡萄酒归还商店。不过，此过程还是十分麻烦的。比如，你购买的葡萄酒已经过了 20 年，你会担心当时购买葡萄酒的商店是否还存在，还会担心都过去这么久了商店是否会给更换。经过 20 年的洗礼，原本不太成熟的葡萄酒可能会成为顶级葡萄酒。如果因为感染细菌而糟蹋了，那将会非常痛心。

▼ 仪式的诱惑

为了避免产生不愉快的体验，全世界都在摸索寻找软木塞的替代品，如高分子合成塞、玻璃塞、螺旋盖等。铝制的螺旋盖被广泛用于新西兰和澳大利亚等地，在德国和奥地利也很普遍。螺旋盖不仅不会造成细菌污染，还有很强的密封性，可以永久保留葡萄酒的香气。

虽然有人指出铝制的螺旋盖容易发生还原反应影响葡萄酒的品质，但只要在装瓶的时候留有一定的氧气，这个还原问题就可以解决。到目前为止，我一直深受软木塞感染细菌问题的烦扰，所以非常支持使用螺旋盖。一位酿酒师朋友曾经把相同的葡萄酒分别使用了软木塞与螺旋盖封瓶，把它们放置 15 年之后分别试喝，结果显示螺旋盖的葡萄酒风味更好。

　　然而，螺旋盖在欧洲和日本并未普及。谈及理由，首先是人们对螺旋盖的印象不好。他们认为螺旋盖会给人一种廉价酒的感觉，而使用软木塞的葡萄酒，侍酒师在开瓶的时候不仅可以让人看到其拿手好戏，而且有满满的仪式感，给人一种高级葡萄酒的感觉。很多消费者认为，他们点了高级葡萄酒，当侍酒师恭敬地把酒瓶放在餐桌上，结果轻轻一拧螺旋盖酒就打开了，完全没有画面感。

　　有的生产商在自己国家生产的葡萄酒全部使用螺旋盖，但在进口方的强烈要求下，只在面向日本市场的时候，保留了软木塞。到底是选择一种氛围，还是选择葡萄酒的内在，这的确是一个难题。

酒杯，一个就够了

　　有人认为葡萄酒杯的使用规则比较烦琐，有人认为完全没有必要使用葡萄酒杯。波尔多杯型，内部空间很大，适合所有的葡萄酒，用来喝起泡酒也没有问题。当喝接近 30 年陈酿的波尔多以及高级勃艮第葡萄酒的时候，人们想用稍微大点的酒杯。内部空间大的酒杯完全不会让人感到不自由。使用大的酒杯，葡萄酒与空气的接触面积会很大。如果轻轻摇晃酒杯，让葡萄酒充分接触空气中的氧气后，葡萄酒会更加的绚丽丝滑。市场上有很多漂亮的酒杯，用它们来装点餐桌也是不错的选择。不过，高级酒杯往往非常脆弱。如果醉酒后清洗，酒杯很容易被打碎，非常危险。

　　15 年前的一次葡萄酒试喝会上，我得到了一只内部空间很大的酒杯，一直使用到现在。因为经常放在厨房，尤其是时间不太宽裕的时候，会不由得使用这个酒杯。它也不是特别昂贵的酒杯，即使有时掉到地上也不会被打碎。毕竟用了 15 年，感觉非常适合我。

　　无论是棒球拍、棒球队，还是高尔夫俱乐部，抑或煮饭用的锅，适合自己且用起来方便的才是最重要的，没必要在乎其他乱七八糟的因素。

只有喝剩葡萄酒的人才能拥有的幸福

　　标准的葡萄酒瓶是 750 毫升，很多人都有这样的疑问："喝不完的时候，怎么办呢？"其实，开瓶后的葡萄酒放 5 天左右完全没有问题。但毕竟在接触空气后，葡萄酒会出现氧化，所以葡萄酒的味感也在一点点发生变化。有的人会说："剩下的葡萄酒质量会劣化，早点喝完比较好。"这当然是错误的，并不是"劣化"，而是"变化"。只不过有的人认为这种"变化"就是"劣化"，有的人认为这种"变化"会"提高品质"。

　　当然，每个人的喜好是不同的。喜欢青涩葡萄酒的人，会喜欢开瓶当天葡萄酒的味道；而喜欢成熟葡萄酒的人，会认为开瓶 2 天后的口感最好。开瓶后的葡萄酒就静置于瓶内，空气的进入也会加速葡萄酒的成熟。举一个相对极端的例子，很多人认为，开瓶后的葡萄酒放置 1 天后的成熟度与未开瓶的葡萄酒放置 1～2 年的成熟度非常相近。因此，有很多人认为，还未到最佳饮用期的、青涩的葡萄酒，开瓶后放置 1 周后会更好喝。长期陈酿的葡萄酒，在刚开瓶时，某种程度上可以了解该葡萄酒今后 10～20 年的成熟情况，换言之，就是可以预告它的成熟度。

或许普通消费者不太感兴趣，实际上，开瓶后的葡萄酒静置后，每天试喝一点，对于弄清葡萄酒的潜力和真正价值是非常有帮助的。在从事《葡萄酒指南》编写工作的时候，如果我试喝的时候遇到特别喜欢的葡萄酒，就会买来并把它放置 5 天左右，每天观察它的变化。

欧洲一流的足球俱乐部都有自己的足球学校。他们通过足球学校寻找有才能的孩子，对其实施英才教育，之后将他们提拔到青年队。经过多年来对选手的关注，他们很容易就可以弄清楚有潜质的选手与无潜质的选手。

通过观察开瓶后葡萄酒的变化，对于深入了解这种葡萄酒非常重要。对普通消费者来说，虽然认为深入了解葡萄酒完全没有必要，但通过观察每天的变化享受其中的乐趣，难道不是很有意思的体验吗？

剩余葡萄酒的保存方法

从 2020 年开始，新冠肺炎疫情的暴发使访问海外葡萄酒庄变得越来越困难。因此，线上研讨会及线上试喝会开始频繁地举办，经常会有 20 ~ 30 瓶葡萄酒样品邮寄给我。通常，我会一下子试喝完，当然，也有剩下的时候。剩下的葡萄酒就盖着盖子放置起来，偶尔试饮。

即使是青涩的葡萄酒，1 个月之后也会达到很好的状态。当然，开瓶的日子不同，味道也会不同。有的时候，放置几天的葡萄酒的味道反而更好，所以没有必要担心会喝剩葡萄酒。不喜欢成熟葡萄酒的人，可以把开瓶后的葡萄酒迅速转移至 330 ~ 500 毫升的塑料瓶中保存，先把酒瓶中的葡萄酒喝完，塑料瓶中的葡萄酒可以第二天、第三天再喝。在塑料瓶中的葡萄酒几乎不会接触到空气（氧气），成熟（氧化）会非常缓慢。

1 个月前，我把转移至塑料瓶中的白葡萄酒放置在房间的角落里, 几天后才发现。于是, 我试喝了一下, 味感协调, 层次多样, 非常好喝。我的一个好朋友, 他把自己酿造的高级葡萄酒装在了一个 6 升的大瓶内, 然后把瓶子存放在自己常去的餐馆, 每次去餐馆的时候就试喝一点。这与托酒吧代为保管整瓶威士忌类似。1 个月前, 我和朋友一起去了餐馆, 一起喝了他存放的葡萄酒。虽然葡萄酒只剩下一半左右, 但果香依然丰富, 味感特别好, 让人很着迷。

丽莲·吉许是默片电影的代表性女演员, 在她 90 多岁高龄的时候, 她的演技仍然会给人一种新鲜、惊艳的感觉, 让人叹为观止。晚年的丽莲·吉许散发着成熟的魅力, 与默片时代楚楚可怜的姿态完全不同。开瓶后的葡萄酒也在用它最快的速度, 向我们展示其不同阶段的魅力。

销售葡萄酒的容器

能改变葡萄酒的味道吗

　　玻璃瓶是盛装葡萄酒最普遍的容器。由于其经过灭活、杀菌处理，葡萄酒不会有什么变化，可以安心让其长期成熟。最近，市场上也出现了塑料瓶和纸盒包装的葡萄酒。如果尽快喝，使用它们完全没有问题。所谓盒中袋（bag in box，BIB），是指在盒子里放入真空包装的袋子，把葡萄酒倒入袋子里封存。由于是真空包装，当葡萄酒减少的时候，袋子就会干瘪，也不会进入氧气。因此，葡萄酒不会氧化，可以长期享用。

　　餐馆中的玻璃瓶是非常理想的葡萄酒容器，这样的瓶装酒适合每天都喝相同葡萄酒的人在家喝。此外，市面上还出现了易拉罐装的葡萄酒。以前，人们很容易感受到塑料瓶、纸盒、易拉罐等容器各自独特的特点。现在，随着技术的明显进步，如果偷偷地把葡萄酒倒入某个陈酿容器，你可能很难识别出这是由哪个容器盛装的。只要葡萄酒无须长期陈酿，完全没必要拘泥于容器。

　　虽然标准的葡萄酒瓶是 750 毫升，现在也出现了 1/2（半瓶）或者 2 倍（1.5 升的大瓶）的葡萄酒瓶，甚至还出现了 3 升、6 升的超大瓶。非起泡葡萄酒（如红、白、桃红等不起泡的葡萄酒）不管盛酒的酒瓶多大，装瓶的时候，葡萄酒的品质都是一样的。装瓶后，如果是大瓶（如 1.5 升），葡萄酒的成熟会相对缓慢；如果是半瓶，其会更早成熟。所以，如果你想喝长期成熟的葡萄酒，那我推荐你选择大瓶装的；如果你想喝新酒，那我推荐你选择半瓶装的。如果想让葡萄酒成熟 10 年以上，大瓶装绝对可以发挥其真正价值。所以，喜欢成熟葡萄酒的人只买大瓶装的。其实，无论是大瓶装的，还是半瓶装的，只要是非起泡葡萄酒，最初都是一样的。

　　而对于瓶内二次发酵的起泡葡萄酒，却是不一样的。即使第一次发酵的葡萄酒是一样的，由于第二次发酵是在瓶内发生，所以每瓶葡萄酒的发酵情况本身就有很微妙的差别。因此，二次发酵的容器（即酒瓶）是 750 毫升还是 1.5 升，会对发酵产生很大的影响，导致葡萄酒的风味有很大不同。

　　从经验来看，大瓶装葡萄酒是二次发酵的理想状态。比起正常瓶装的起泡葡萄酒，大瓶装的起泡葡萄酒，不管是厚重感，还是协调感，都要更加出色。此外，大瓶装的香槟也会更加好喝，味感让人惊艳，所以有的人只喝大瓶装的香槟。不过，不可思议的是，酒瓶并不是越大越好，3 升和 6 升的超大瓶就未必好喝，1.5 升的大瓶装正好，其中的葡萄酒也是最好喝的。

倒酒的方法能改变葡萄酒的味道吗

　　说到葡萄酒的倒酒方法，很多日本人在倒酒的时候其实会更加谨慎。当然，也有人在倒酒的时候会倾斜酒杯，使葡萄酒从一侧轻轻滑入。谨慎对待葡萄酒，是非常了不起的。在欧洲，即使是在一流的餐馆，也会有侍酒师自认为葡萄酒还很青涩，倒酒的时候就非常粗鲁。或许他们只是想通过这样的倒酒方法让葡萄酒与氧气迅速接触，以丰富葡萄酒的风味吧。从事《葡萄酒指南》编写时，有时候试喝葡萄酒，我也会非常粗鲁地倒酒。因为我从事的工作只能试喝尚未成熟的、青涩的葡萄酒。即使我稍微粗鲁地倒酒，也不会破坏葡萄酒的平衡。

　　酒瓶中的葡萄酒处于还原状态，如同在睡觉。小心谨慎地倒酒，就好像在温柔地喊它起床一样："差不多快到起床的时间了"；而粗鲁地倒酒，就好像在摇晃它的肩膀让它醒来一样："喂，快起床！"无论哪种方式，让它醒来是最重要的。像蒙特布查诺、丹娜这样粗犷的品种，稍微粗鲁地对待它们，反而会让它们的风味更加浓郁、稳定性更强。

葡萄酒颜色与风味的关系

　　在试喝葡萄酒的时候，如果你把酒杯对准阳光，就会看到侍酒师所分析的葡萄酒的色调和光泽。你或许认为葡萄酒的色调和亮度会影响葡萄酒的口感，其实不然。随着酿造技术的进步，几乎没有必要格外重视葡萄酒的外观。在酿造技术尚未成熟的时代，会有很多的浊酒和没有光泽的、过度成熟的葡萄酒。因此，那时必须要通过观察葡萄酒的外观，来确定葡萄酒的质量。现在，可以说那样的葡萄酒全都消失了。因此，即使是葡萄酒竞评等级审查委员，对于葡萄酒外观的打分，只要不是万不得已，全部都会给满分。

　　不过，品种不同，葡萄酒的颜色也不同。因此，要猜中品种，外观就是非常重要的线索。赤霞珠的颜色很深，不透光；而黑皮诺的色调明快，颜色较浅。在二十世纪八九十年代，人们常常会错误地认为，色泽浓郁的葡萄酒就是高级的葡萄酒；而现在，人们正确地认识到，颜色的浓淡对葡萄酒的风味并没有任何影响。

橡木桶陈酿的葡萄酒有何不同

　　有的人会过分拘泥于陈酿葡萄酒用的橡木桶。比如，这款葡萄酒用法国盟友产的橡木桶（225升的小酒桶）陈酿，需要2年的时间才会成熟；用法国的、讷韦尔产的500升橡木桶陈酿，也会成熟。葡萄酒的成熟需要使用橡木桶，理由有两个。

　　理由之一，也是最重要的就是橡木桶可以提供葡萄酒成熟所需的微氧条件。不锈钢罐处于还原的状态，如果用它陈酿，葡萄酒几乎无法成熟；而使用橡木桶（尤其是小酒桶），氧气会通过橡木桶的木材一点点进入葡萄酒中。虽然这个过程很缓慢，但可以促进葡萄酒的成熟。对于封闭状态下的葡萄酒，可以给予更多的氧气，让葡萄酒更加柔和；而对于开放状态下的葡萄酒，就没必要提供更多的氧气。因此，在酿酒的时候，既要考虑这些零碎的事情，还要决定使用什么产地的橡木桶、使用多大的橡木桶、需要多长时间可以成熟等。比起小酒桶，大酒桶的微氧供给量要少，葡萄酒成熟相对缓慢。如果要让葡萄酒在橡木桶内陈酿 4 ~ 5 年，不要使用小酒桶，要使用大酒桶；如果葡萄酒在小酒桶陈酿 4 年以下，会因为吸收过多的氧气而导致质量劣化。

使用橡木桶的理由之二就是它可以给葡萄酒增加橡木香气。很多葡萄酒爱好者认为橡木散发出的香草、可可的香气会增加葡萄酒的复杂性和魅力。同时，橡木香气会给人一种华丽而奢侈的印象。不过，橡木香气有时候会遮盖葡萄酒原本的香气，而使有的爱好者不喜欢。我个人不喜欢橡木香气浓烈的葡萄酒，但我也不会吹毛求疵地批判橡木桶带来的香气。毕竟，有的人喜欢。

橡木香气就好比香水。如果你去参加豪华的派对，稍微喷多一点的香水完全没有问题；但如果你在日常生活中喷的香气熏人，那就不合适了。不管怎么说，橡木桶只是一个工具。说到葡萄酒的时候，大家也会说到橡木的产地、生产橡木桶的公司之类的话题。这就好比说到餐饮店的厨师，大家也会含蓄地说到厨师使用的菜刀，是一样的道理。无论是橡木桶还是菜刀，都是工具，该如何使用？全凭使用者决定。有好的一面，必然也有不好的一面。

 后 记

能给予我们幸福时光的葡萄酒，才是最好的

　　20 世纪 80 年代，葡萄酒的价格便宜得令人难以置信。我的朋友曾与瑞士的葡萄酒商有过亲密往来。他可以比较容易地喝到那些流芳百世的顶级葡萄酒，如白马酒庄 1947、木桐酒庄 1945、滴金酒庄 1921、罗曼尼康帝 1961、李奇堡 1978、帕图斯 1961。时至今日，这些顶级葡萄酒依然很难入手。这些葡萄酒向我们展示了深远幽邃的世界和无法企及的高度。意大利葡萄酒价格相对划算一些，像西施佳雅 1985、嘉科萨酒庄的巴巴莱斯科 1978，我曾喝过数次，那是一个幸运的时代。这些葡萄酒的香气、风味，至今令我记忆犹新。不过，在哪儿喝的？我就记不清楚了。毕竟葡萄酒才是主角，周围的记忆就让它随风飘散吧。

　　我也喝过很多无名的葡萄酒。比如，在罗马经常喝零售的白葡萄酒；由于大雪我曾在法国尼斯驻留过，在宾馆附近的海鲜餐馆喝过简单的白葡萄酒；为了拍摄电影而将自己封闭在撒哈拉沙

漠的宾馆里 1 个月，当时每天都喝突尼斯的红葡萄酒；在圣吉米尼亚诺的餐馆，喝过非常朴素的"招牌"葡萄酒。它们都不是什么了不起的葡萄酒，却让我记忆深刻。而且当时喝酒的场所、一起喝酒的人、当天的阳光、空气等，我依然记得非常清楚。这些葡萄酒虽然不是主角，却非常贴近我的日常生活，让我感受良多、回忆良多。

世界上有各种类型的葡萄酒，对于该如何去饮用它们，每个人都有自己的喜好。用自己喜欢的方式饮用，才是最重要的，不要在意别人说什么。能给予我们幸福时光的葡萄酒，才是最好的。

本书是在我多年来对葡萄酒思考的基础上编写的。如果本书能给读者在享用葡萄酒时提供一点帮助，将是我莫大的幸福。

最后，衷心感谢在本书策划之初就给予耐心指导的大和书房的篠原明日美女士、松冈左知子女士。

宫嶋勋

2021 年 8 月

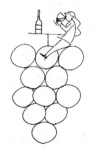